外来入侵物种防控系列丛书

重点管理
外来入侵物种防控手册

ZHONGDIAN GUANLI
WAILAI RUQIN WUZHONG FANGKONG SHOUCE

农业农村部农业生态与资源保护总站　编

中国农业出版社

北 京

《重点管理外来入侵物种防控手册》

编 委 会 名 单

前　言

　　外来物种入侵是全球性问题，严重影响入侵地生态环境，损害农林牧渔业可持续发展和生物多样性。近年来，随着我国改革开放的深入，商品贸易和人员往来日益频繁，外来入侵物种扩散途径更加多样化、隐蔽化，监测和防控难度不断增加。加强外来入侵物种防控，对于保护国家粮食安全、生物安全、生态安全和人民群众身体健康具有重要意义。党的二十大报告明确指出，加强生物安全管理，防治外来物种侵害。《外来入侵物种管理办法》《重点管理外来入侵物种名录》等一系列文件相继发布，为外来物种防控工作奠定了政策基础。

　　在国家重点研发计划"外来入侵生物本底信息及发生扩散大数据平台关键技术研究及应用示范"（2023YFC2605200）、"重大外来入侵物种前瞻性风险预警和实时控制关键技术研究"（2021YFC2600400）等项目支持下，农业农村部农业生态与资源保护总站组织中国农业科学院农业环境与可持续发展研究所、植物保护研究所，农业农村部外来入侵生物防控重点实验室等单位专家，依据现有工作基础，编制了《重点管理外来入侵物种防控手册》，将农业农村部等六部门于2022年发布的《重点管理外来入侵物种名录》中的59种物种的防控技术收录其中，包括外来入侵植物33种，昆虫13种，植物病原微生物4种，植物病原线虫1种，软体动物2种，鱼类3种，两栖动物1种，爬行动物2种。

书中所列物种，其内容包括了物种学名、中文名、异名、俗名，主要入侵生境以及国内外分布、形态特征、识别要点、扩散传播危害及防控主要措施等，同时选配了入侵物种的部分图片。按照"一种一策"精准治理原则，明确每个物种防控关键时期、分布重点区域和主要防控措施，指导地方因地制宜选用农业防治、物理防治、化学防治、生物防治等技术措施，实施高效防控，为建立安全高效、经济可行的综合治理技术模式提供技术指导。

由于笔者掌握的资料有限，书中不足之处在所难免，笔者对书中筛选的外来物种入侵危害认知、潜在扩散风险识别存在局限性，恳请广大读者批评指正。

编　者

2024年3月

目 录

前言

1 紫茎泽兰

紫茎泽兰[*Ageratina adenophora*（Spreng.）R. M. King & H. Rob.]，属菊科紫茎泽兰属，又名解放草、马鹿草、破坏草、黑头草、大泽兰。起源于拉丁美洲，目前主要分布于美洲、欧洲、非洲和亚洲的30多个国家，是一种恶性入侵杂草。

1.1 生物学特性

紫茎泽兰为多年丛生型草本植物。植株高30～200厘米。叶对生，三角状卵形至菱状卵形；茎直立，常紫色，枝对生；伞房或复伞房花序，花冠白色至粉红色；瘦果黑褐色，狭长椭圆形。花期11月至翌年4月，果期3—4月。

紫茎泽兰花

紫茎泽兰种子

1.2 危害特点及分布情况

紫茎泽兰适应性强，易随风、水流等途径扩散蔓延，是旱田、草地、麦田的常见杂草。紫茎泽兰与农作物、牧草和林木争夺肥、水、阳光和空间，具化感作用，可抑制周围其他植物的生长，花粉能引起人类过敏性疾病。

我国最早于20世纪40年代在云南省发现紫茎泽兰，目前在云南、四川、贵州、广西、西藏和重庆等多个省份发生，呈加速扩散趋势。

1.3　防控措施

1.3.1　农业防治

（1）深耕灭草。播种前对农田进行清理，并对土地进行20厘米以上深翻，可减少土壤中紫茎泽兰种子萌发率。

（2）肥水管理。提高农作物和植被的水肥条件，提升作物或草场的植被覆盖度和竞争力。

1.3.2　物理防治

在紫茎泽兰集中发生区，结实前可采用人工铲除、机械铲除手段，连根挖除紫茎泽兰全株，集中晒干销毁；对于生态脆弱区、石漠化地区，成片发生时，在花期可人工剪除花枝，减少结实量，控制蔓延。

1.3.3　化学防治

针对不同生境选择不同药剂。

玉米地：在玉米3～5叶期，可选择噻吩磺隆、氨氯吡啶酸、氯氟吡氧乙酸异辛酯等除草剂，定向茎叶喷雾。

果园：在紫茎泽兰营养生长期，可选择草甘膦、草甘膦铵盐、氨氯吡啶酸等除草剂，定向茎叶喷雾。

林地、山地：在紫茎泽兰营养生长期，可选择草甘膦、氯氟吡氧乙酸异辛酯、草甘膦铵盐、甲嘧磺隆、苯嘧磺草胺等除草剂，定向茎叶喷雾。

荒地：在紫茎泽兰营养生长期，可选择氨氯吡啶酸、草甘膦、草甘膦铵盐、甲嘧磺隆等除草剂，定向茎叶喷雾。

1.3.4　生物防治

（1）选择泽兰实蝇（*Procecidochares utilis* Stone）和泽兰尾孢菌（*Cercospora eupatorii* Peck）等多种生物联合防治，能有效抑制紫茎泽兰种群生长。

（2）在西南山地丘陵地区，可选取适合本地生长的热带禾草或豆科植物（如皇竹草、白刺花等）替代种植，可控制紫茎泽兰种群。

2 藿香蓟

藿香蓟（*Ageratum conyzoides* L.），属菊科藿香蓟属，又名胜红蓟。起源于南美洲，目前主要分布于南美洲、非洲、亚洲的10多个国家，是一种区域性恶性杂草。

2.1 生物学特性

藿香蓟为一年生草本植物。植株高50～100厘米。叶对生，卵形或长圆形；茎粗壮，不分枝或基部/中部以上分枝，淡红色或上部绿色；头状花序，总苞钟状或半球形，花朵密集、花色艳丽；瘦果黑褐色。休眠性不明显，花期全年，一个世代一般不超过2个月。

藿香蓟植株 　　　　　　　　　　　　藿香蓟花

2.2 危害特点及分布情况

藿香蓟繁殖力强，可随观赏植物引种或贸易携带扩散蔓延，是旱田、果园的常见杂草。藿香蓟与作物争水争光争肥，严重影响旱地作物和果树生长，具化感作用，可抑制其他植被生长，导致入侵地生物多样性下降。

我国最早于1917年在广东省采集到物种标本，目前在河北、安徽、江苏等18个省份发生。

2.3 防控措施

2.3.1 农业防治

（1）良种精选。播种前对作物种子进行精选细筛，可减少带入土壤中的藿香蓟种子量。

（2）深耕灭草。对于作物地，在播种前对土壤进行20厘米深耕，可有效抑制藿香蓟种子萌发。

（3）中耕除草。对于田间萌发的藿香蓟，在其出苗高峰期采用中耕除草等措施，可有效控制其种群密度，降低对农作物的危害。

2.3.2 物理防治

（1）人工拔除。对于农田、果园、荒地等生境零散发生的藿香蓟，可采用手工连根拔除整个植株的方式进行防除。

（2）机械清除。对大面积发生区，开花结实前，可采用机械割除措施防治，拔除或割除的植株应集中进行暴晒销毁。

2.3.3 化学防治

针对不同生境选择不同药剂。

玉米田：播后苗前，可选择扑草净、莠去津等除草剂，均匀喷雾，进行土壤处理；在玉米3～4叶期、藿香蓟苗期，可选择苯唑草酮、砜嘧磺隆等除草剂，定向茎叶喷雾。

果园：藿香蓟苗期，可选择草甘膦、草铵膦、二甲四氯等除草剂，定向茎叶喷雾。

荒地、路边：藿香蓟苗期，可选择草甘膦、草铵膦、二甲四氯、氯氟吡氧乙酸等除草剂，定向茎叶喷雾。

③ 空心莲子草

空心莲子草[*Alternanthera philoxeroides*（Mart.）Griseb.]，属苋科莲子草属，又名水花生、喜旱莲子草。起源于南美洲，目前主要分布于南美洲、北美洲、亚洲和大洋洲的30多个国家，是一种恶性入侵杂草。

3.1 生物学特性

空心莲子草为多年生水生或陆生草本植物。叶对生，叶片长椭圆形至倒卵状针形；茎基部匍匐，中空；头状花序白色，基部略带粉红色。陆生型空心莲子草的生长旺季为3—6月和9—11月，水生型空心莲子草的生长旺季为7—8月。

空心莲子草茎节 　　　　　　　　　　空心莲子草花

3.2　危害特点及分布情况

空心莲子草繁殖力、适应性强，水陆两栖，可随人畜、农机具、种子调运、水流等途径扩散蔓延，是我国南方水田、旱田、果园以及坑塘、河流、湖泊的常见杂草。空心莲子草每天最快可生长 2 ~ 4 厘米，最大密度可超过 1 000 株/米^2，严重影响作物生长、水产养殖，破坏园林景观，阻塞河流航道。

我国最早于 20 世纪 30 年代在上海发现空心莲子草，目前在湖北、四川、贵州等10 多个省份发生，多呈局部点状暴发。

3.3　防控措施

3.3.1　农业防治

（1）深耕灭草。深秋和初冬季两次深翻耕，使地下茎充分暴露在土壤表层，使其被严寒冻死。

（2）中耕除草。夏季，结合耕作措施选择薄膜覆盖高温灭草，可有效控制其种群密度，降低对农作物的危害。

（3）水肥管理。严格控制农田氮肥施用量，防止空心莲子草疯长。

3.3.2　物理防治

在水库、河道等发生区域，采取拉拦截网、人工打捞和机械打捞等方式，对漂浮在水面和没入水中的空心莲子草进行防除，妥善处理打捞的空心莲子草及其茎枝，采取暴晒、晾干等方式进行杀灭，并防止其接触土壤，以免造成二次扩散。对于陆生型空心莲子草，需深挖，将地下的根和根状茎全部挖出，清除所有具有生命力的部分，集中作无害化处理。

3.3.3　化学防治

针对不同生境选择不同药剂。

水稻田：在空心莲子草生长期，可选择二甲四氯、丙炔氟草胺、麦草畏等除草剂，定向茎叶喷雾。

玉米田：在空心莲子草生长期，可选择氯氟吡氧乙酸、氯氟吡氧乙酸 + 二甲四氯、丙炔氟草胺、甲磺·氯氟吡、麦草畏等除草剂，定向茎叶喷雾。

果园生境：在空心莲子草生长期，可选择氯氟吡氧乙酸、氯氟吡氧乙酸 + 草甘膦、乙氧氟草醚等除草剂，定向茎叶喷雾。

荒地、路边：在空心莲子草生长期，可选择氯氟吡氧乙酸、草甘膦等除草剂，定向茎叶喷雾。

3.3.4 生物防治

可采用莲草直胸跳甲（*Agasicles hygrophila*）成虫进行生物防治。在早春最低温为12℃左右时，应选择中午气温较高且无风天气释放；在夏季日平均气温较高时，应选择傍晚或早晨气温较低时段释放。防控水生型空心莲子草释放密度为1 000 ~ 3 000头/公顷，防控陆生型空心莲子草释放密度为2 500 ~ 4 500头/公顷。

4 长芒苋

长芒苋（*Amaranthus palmeri* S. Watson），属苋科苋属。起源于中美洲，目前主要分布于北美洲、欧洲、亚洲的10多个国家，是一种具有除草剂抗性的恶性入侵杂草。

4.1 生物学特性

长芒苋为一年生草本植物。高80～300厘米。叶片无毛，卵形至菱状卵形；茎直立，绿黄色或浅红褐色；穗状花序，长圆形，常白色；胞果近球形，种子近圆形或宽椭圆形，深红褐色。一般北方地区5月下旬出苗，6月中旬分枝，7月初抽穗，10月中旬开始枯黄死亡。

长芒苋植株

长芒苋花序

4.2　危害特点及分布情况

长芒苋适应性强、产种量大，可随农产品调运、河流、风力、鸟类携带等途径扩散蔓延，是常见的农田杂草。长芒苋多危害玉米、棉花、大豆、蔬菜、果树等作物，造成作物大幅减产，一旦定殖很难根除，对入侵地生态环境破坏极大。

我国最早于1985年在北京市发现长芒苋，目前在北京、天津、河北等多个省份发生，呈加速扩散趋势。

4.3　防控措施

4.3.1　农业防治

（1）良种精选。种子播种前，应对农作物种子进行细筛精选，如发现长芒苋种子，应彻底清除。

（2）深耕灭草。在作物播种或定植前，对土壤进行20厘米深耕，可有效抑制长芒苋种子萌发。

（3）中耕除草。结合作物农事操作，在长芒苋出苗盛期，进行中耕除草，可有效控制长芒苋的种群。

（4）清洁田园。清理农田附近田埂、边坡的长芒苋植株，防止其扩散进入农田，保持田园清洁。

4.3.2　物理防治

对于零散发生的长芒苋，可在其苗期或种子成熟前，选择手工连根拔除；对于大面积发生的长芒苋，可在其苗期到结实前采用机械铲除方式进行防除。对于挖除的长芒苋植株，应采取粉碎、暴晒等方式作无害化处理，防止长芒苋种子扩散蔓延。

4.3.3　化学防治

在长芒苋2～3叶期，可选用克阔乐等除草剂，定向茎叶喷雾。

5 刺苋

刺苋（*Amaranthus spinosus* L.），属苋科苋属，又名笋苋菜、勒苋菜。起源于美洲，目前主要分布于美洲、亚洲的20多个国家。

5.1 生物学特性

刺苋为多年生直立草本植物，可有性或无性繁殖。叶互生，卵状披针形或菱状卵形，每一叶腋内有刺2枚；茎多分枝；圆锥花序，长圆形，常绿或紫色；胞果长圆形，种子近球形，棕黑色。一般花期为5—9月，果期为8—11月，在热带地区全年可开花结果。

刺苋植株

刺苋花

5.2 危害特点及分布情况

刺苋适应性强，其种子可随人畜、农机具、农产品运输、风、河流等途径扩散蔓延,是旱田、草地、果园常见杂草。多危害玉米、棉花、花生、甘蔗、杧果、高粱、大豆、烟草、油棕榈、甘薯、香蕉、菠萝等作物,导致减产。刺苋具化感作用,能排挤或抑制本地植物生长,富含硝酸盐,误食可能导致家畜中毒。刺苋植株具坚硬的刺,易扎伤人畜。

我国最早于20世纪30年代在澳门发现刺苋,目前在北京、河北、江苏等21个省份发生。

5.3 防控措施

5.3.1 农业防治

(1)间种作物。在幼龄果园或果树行距较大、地面覆盖率低的成年果园,可在行间种植生长期短、植株矮小的作物,抑制刺苋生长。

(2)深耕灭草。播种前对土地进行20厘米深耕,减少刺苋种子出苗量。

(3)中耕除草。在果树行间用人工、畜力进行中耕除草,一般在4—9月间中耕除草5～8次,可控制刺苋密度。

(4)种植牧草或绿肥。在果树行间种植草木樨、苕子、三叶草、沙打旺、田菁等牧草或绿肥,既可覆盖地面,抑制杂草生长,又可获得牧草或绿肥。

(5)密实覆盖。利用农作物秸秆覆盖地面20厘米以上或覆盖地膜,使刺苋等杂草不能生长。

5.3.2 物理防治

在刺苋苗期或种子成熟前,采用人工拔除或机械铲除的方式挖除整株植株,采取暴晒等手段销毁,并反复不断对新萌发的刺苋植株加以清除。

5.3.3 化学防治

不同的生境类型,采用不同的药剂处理。

玉米地:玉米4叶期、刺苋苗期,可选择烟嘧磺隆、氨氯吡啶酸、甲酰胺嘧磺隆、烟嘧·莠去津等除草剂,定向茎叶喷雾。

小麦地:春小麦3叶期以后、刺苋苗期,可选择二甲四氯、苯磺隆、氯吡·苯磺隆等除草剂,定向茎叶喷雾。

荒地、路旁等非农生境:在刺苋苗期至开花期,可选择草甘膦、氨氯吡啶酸等除草剂,定向茎叶喷雾。

⑥ 豚　　草

　　豚草（*Ambrosia artemisiifolia* L.），属菊科豚草属，又名普通豚草、美洲艾、艾叶破布草。豚草起源于美洲，目前主要分布于亚洲、非洲、欧洲、美洲、大洋洲的20多个国家。

6.1　生物学特性

　　豚草为一年生草本植物。高20～150厘米。下部叶对生，上部叶互生，二至三回羽状分裂，裂片条状；茎直立，上部有圆锥状分枝，有棱；头状花序，黄色；瘦果倒卵形，褐色。一般在4月中旬至5月初出苗，营养生长期5月初到7月中旬，蕾期7月初至8月初，开花期从7月下旬至8月末，果熟期为8月中旬至10月初。

豚草植株

豚草花

6.2　危害特点及分布情况

豚草适应性强，可随人畜、农机具、农产品运输、风、河流、鸟类携带等途径扩散蔓延，是旱田、草地、果园常见杂草。多危害玉米、大豆、向日葵、大麻、洋麻等中耕作物和禾谷类作物，导致减产，甚至绝收。与本地植物竞争空间、营养、光和水分，降低入侵地植物多样性。豚草花粉是人类枯草热主要病源，引发过敏性鼻炎和支气管哮喘等变态反应症。

我国最早于1935年在浙江省发现豚草，目前在北京、河北、辽宁等20多个省份发生。

6.3　防控措施

6.3.1　农业防治

（1）良种精选。农作物播种前对种子进行精细筛选，剔除掺杂的豚草种子，提高作物种子的纯度，减少田间豚草的发生量。

（2）深耕灭草。深耕可降低种子出苗量，秋耕把种子埋入土中20厘米以下可有效控制豚草种子萌发；春季豚草大量出苗时进行春耙，可消灭大部分豚草幼苗。

（3）中耕除草。对于田间萌发的豚草，在其出苗高峰期采用中耕除草2次以上等措施可有效控制其种群密度，降低对农作物的危害。

（4）清洁田园。清理农田附近田埂、边坡的豚草，保持田园生境清洁，防止其扩散至农田。

6.3.2　物理防治

对于点状发生，面积小、密度小的生境，在豚草营养生长期，植株高度达到15～20厘米，地上的叶子在4～10对时，应采取人工连根拔除措施；对于呈片状、带状，面积大、密度大的生境（如荒地开垦、轮休地耕作等）在豚草开花前进行机械刈割。对于铲除/割除的植株，应作暴晒等无害化处理后销毁，防止种子成熟落地。

6.3.3　化学防治

玉米田：播后苗前，可选择莠去津、乙草胺等除草剂，均匀喷雾，土壤处理；玉米3～5叶期、豚草苗期，可选择草铵膦、三氯吡氧乙酸、麦草畏等除草剂，定向茎叶喷雾。

麦田：小麦苗期或拔节期、豚草苗前，可选择三氯吡氧乙酸、麦草畏等除草剂，定向茎叶喷雾。

大豆田：播后苗前，可选择乙草胺等除草剂，均匀喷雾，土壤处理；大豆3～4叶期、豚草苗前，可选择草铵膦、氨氯吡啶酸、乳氟禾草灵、氟磺胺草醚等除草剂，定向茎叶喷雾。

果园、林地：在豚草出苗前，可选择莠去津、乙草胺等除草剂，均匀喷雾，土壤处理；在豚草苗期和营养生长期，可选择草甘膦、草甘膦异丙胺、氯氟吡氧乙酸、二甲四氯钠盐＋苯达松、辛酰溴苯腈等除草剂，定向茎叶喷雾。

荒地、路边：豚草出苗前，可选择莠去津、乙草胺等除草剂，均匀喷雾，土壤处理；在豚草苗期和营养生长期，可选择草甘膦、氟磺胺草醚、草甘膦异丙胺、盐莠灭净、乙羧氟草醚、氨氯吡啶酸等除草剂，定向茎叶喷雾。

6.3.4 生物防治

（1）天敌防控。在豚草大面积危害区域，可在天气晴好、无风或微风条件下释放广聚萤叶甲（*Ophraella communa*）、豚草卷蛾（*Epiblema strenuana*）等天敌昆虫，通过取食有效控制豚草生长。释放豚草卷蛾，豚草苗期，按每10株2～4头的虫口密度释放豚草卷蛾虫瘿；豚草营养生长期，按每10株6～8头的虫口密度释放豚草卷蛾虫瘿，可有效控制豚草。释放广聚萤叶甲，在豚草苗期，按每10株2～8头的虫口密度释放广聚萤叶甲；在豚草营养生长期，按每10株12～20头的虫口密度释放广聚萤叶甲，可有效控制豚草。

（2）替代控制。可根据豚草发生的不同生境，选择紫穗槐、沙棘、小冠花、草地早熟禾、菊芋等管理粗放、生态经济效益较好的本地植物进行替代种植，通过覆盖地面、竞争养分等方式控制豚草生长。

7 三裂叶豚草

三裂叶豚草（*Ambrosia trifida* L.），属菊科豚草属，又名大破布草。起源于北美洲，目前主要分布于美洲、欧洲和亚洲的40多个国家。

7.1 生物学特性

一年生草本。高50～120厘米。叶对生或互生，叶3～5裂或有时不裂，裂片卵状披针形或破针形；头状花序，长圆形，常白或黄色；复果倒圆锥形，瘦果倒卵形，果皮灰褐色至黑色。一般3月末4月初开始出苗，6月末进入生长期。始花期为7月下旬，开花盛期在7月底至8月初。花粉大量散发时间为8月上旬，果期9—10月。

三裂叶豚草植株

三裂叶豚草种子

7.2　危害特点及分布情况

三裂叶豚草适应性强，可随人畜、农机具、农产品运输、风、河流、鸟类携带等途径扩散蔓延，是旱田、草地、果园常见杂草。三裂叶豚草多危害玉米、马铃薯、烟草、大豆等作物，导致减产，甚至绝收。与本地植物竞争空间、营养、光和水分，降低入侵地植物多样性。花粉是人类枯草热主要病源，可引发过敏性鼻炎和支气管哮喘等变态反应征。叶子含有精油和苦味的物质，奶牛误食后会使牛奶有异味，影响牛奶品质。

我国最早于1930年在辽宁省发现三裂叶豚草，目前在北京、河北、黑龙江等10多个省份发生。

7.3　防控措施

7.3.1　农业防治

（1）良种精选。农作物播种前，剔除掺杂的三裂叶豚草种子，提高种子的纯度，减少田间三裂叶豚草发生量。

（2）深耕灭草。对于作物地，在播种前对土壤进行20厘米深耕，可有效抑制三裂叶豚草种子萌发，大幅度降低种子出苗量。

（3）中耕除草。对于田间萌发的三裂叶豚草，在其出苗高峰期采用中耕除草等措施可有效控制其种群密度，降低对农作物的危害。

（4）清洁田园。清理农田附近田埂、边坡的三裂叶豚草，保持田园生境清洁。

7.3.2　物理防治

对于点状发生，面积小、密度小的生境，在三裂叶豚草营养生长期，植株高度达到15～20厘米，地上的叶子在4～10对时，应采取人工连根拔除措施；对于呈片状、带状，面积大、密度大的生境（如荒地开垦、轮休地耕作等），在三裂叶豚草开花前进行机械刈割。铲除/割除的植株应采取暴晒、粉碎等无害化手段进行销毁。

7.3.3　化学防治

玉米地：播后苗前，可选择莠去津等除草剂，均匀喷雾，土壤处理；玉米3～5叶期、三裂叶豚草苗期，可选择氨氯吡啶酸、草铵膦等除草剂，定向茎叶喷雾。

小麦地：三裂叶豚草苗期，可选择氨氯吡啶酸、乙羧氟草醚等除草剂，定向茎叶喷雾。

大豆地：大豆3～4叶期、三裂叶豚草苗期，可选择灭草松、乙羧氟草醚、甲氧咪草烟、氟磺胺草醚等除草剂，定向茎叶喷雾。

果园：在三裂叶豚草苗期和营养生长期，可选择草甘膦、草甘膦异丙胺、草铵膦、硝磺草酮、氯氟吡氧乙酸、辛酰溴苯腈等除草剂，定向茎叶喷雾。

林地、山地、荒地：在三裂叶豚草苗期和营养生长期，可选择草甘膦、草甘膦异丙胺、草铵膦、辛酰溴苯腈、硝磺草酮、氨氯吡啶酸等除草剂，定向茎叶喷雾。

7.3.4 替代控制

根据三裂叶豚草不同的发生生境，因地制宜，种植紫穗槐、沙棘、小冠花、草地早熟禾、菊芋、紫花苜蓿、黑麦草、百脉根、紫丁香等具有经济、生态效益的本地植物，控制三裂叶豚草生长。

8 落葵薯

落葵薯 [*Anredera cordifolia* (Ten.) Steenis]，属落葵科落葵薯属，又名藤三七、藤子三七、川七、洋落葵。起源于南美洲，目前主要分布于南美洲、亚洲、非洲和欧洲的10多个国家。

8.1 生物学特性

落葵薯为多年生缠绕藤本植物，有性或无性繁殖。叶片卵形至近圆形，稍肉质，腋生小块茎（珠芽）；肉质根状茎；总状花序，长柱状，白色。一般花期为6—10月。

落葵薯植株

落葵薯珠芽

8.2 危害特点及分布情况

落葵薯适应性强，可随人畜、农机具、农产品运输、河流等途径扩散蔓延，是农田、林地、草地、果园常见杂草。落葵薯块根、珠芽、断枝都能进行无性繁殖，藤蔓生长很快，一周最快能长1米，覆盖入侵地作物，妨碍作物生长。落葵薯地上部分水溶液含有化感物质，可抑制邻近植物的生长，常形成单一优势种群，破坏生态平衡。

我国最早于1976年在台湾地区发现，目前在广西、广东、贵州等10多个南方省份发生。

8.3 防控措施

8.3.1 农业防治

（1）清洁田园。在春、秋季，对农田、果园及周边的落葵薯植株进行清除，挖除根茎，把地里珠芽、藤茎、块根、断根清除干净，可减少落葵薯的危害。

（2）刈割。不定期对落葵薯进行刈割，可减少珠芽数量。

8.3.2 物理防治

对于点状、零星小面积发生的落葵薯，可人工铲除藤蔓，并挖出地下块根，同时清理散落的块茎、珠芽、藤蔓等，统一干燥粉碎或深埋；对于发生面积大的生境，可采用机械铲除，拔除地表藤蔓，彻底挖出地下块根，同时清理地上散落的珠芽、块茎，统一干燥粉碎或深埋。

8.3.3 化学防治

对于在荒地、路边等生境发生的落葵薯，在苗期可选择草甘膦、草甘膦铵盐等除草剂，定向茎叶喷雾。

⑨ 野燕麦

野燕麦（*Avena fatua* L.），属禾本科燕麦属，又名乌麦、铃铛麦、燕麦草。起源于欧洲和亚洲，目前主要分布于欧洲、亚洲和北美洲的10多个国家，是一种农田恶性入侵杂草。

9.1　生物学特性

野燕麦为一年生草本植物。株高可达120厘米。叶片扁平，茎秆直立；圆锥花序，金字塔形；颖果被淡棕色柔毛，腹面具纵沟。一般北方地区4月上旬出苗，6月下旬开始抽穗开花，7月中下旬成熟。

野燕麦植株

野燕麦种子

9.2　危害特点及分布情况

野燕麦适应性强，可随人畜、农机具、农产品运输等途径扩散蔓延，是农田、草地、果园常见杂草。野燕麦多危害小麦、大麦、玉米、高粱、马铃薯、油菜、大豆等作物，与之争夺水、肥和阳光，导致减产，甚至绝收。野燕麦种子大量混杂于小麦等作物种子内，降低作物的种子质量。

我国最早于19世纪中叶在香港和福建采到样本，目前已在全国绝大多数省份发生。

9.3 防控措施

9.3.1 农业防治

（1）良种精选。野燕麦危害的地区严格精选种子，清除农作物种子中的野燕麦种子。建立无野燕麦种子田或穗选种子田，杜绝野燕麦随作物种子远距离传播。

（2）作物轮作。采用不同作物轮作、合理密植等方式，可有效抑制野燕麦在农田的发生。将小麦与油菜、豌豆等作物进行轮作，利用油菜、豌豆可以适当晚播的特性，让野燕麦种子先萌发，通过浅耕灭除出苗的野燕麦。

（3）深耕灭草。麦田、青稞田等播种前深耕土壤20厘米以上，可有效防控野燕麦种子萌发。

（4）中耕除草。在野燕麦等杂草苗期时进行田间中耕除草等农业措施，可有效控制其扩散危害。

（5）清洁田园。在未抽穗前，清除田埂、沟渠边、路边等生境中的野燕麦，以减少其传播扩散。

9.3.2 物理防治

在苗期或种子成熟前，结合麦田管理，对野燕麦进行人工或机械刈割、拔除、铲除。对田间拔除的或随收获作物带入场里的野燕麦残株要集中暴晒处理，作饲料时可加工粉碎，以防扩散。

9.3.3 化学防治

麦田：在野燕麦4～6叶期，选择炔草酯、乙羧氟草醚、唑啉草酯、精噁唑禾草灵、甲基二磺隆、氟唑磺隆、啶磺草胺等除草剂，定向茎叶喷雾。

荒地：在野燕麦4～6叶期，选择草甘膦、野燕枯等除草剂，定向茎叶喷雾。

10 三叶鬼针草

三叶鬼针草（*Bidens pilosa* L.），属菊科鬼针草属，又名鬼针草、引线草。起源于美洲热带地区，目前主要分布于亚洲、美洲的10多个国家。

10.1 生物学特性

三叶鬼针草为一年生草本植物。植株最高达120厘米。叶对生，中部为三出复叶，或稀为5～7小叶的羽状复叶；茎钝四棱形、直立；头状花序，舌状花白色或黄色；瘦果条形，黑色，上部有刚毛芒状，具倒刺。一般发芽集中在春、夏季，种子一

三叶鬼针草植株

三叶鬼针草种子

年四季均可成熟。

10.2　危害特点及分布情况

三叶鬼针草种子发芽率高，繁殖力强，可随人畜、农机具、农产品等扩散蔓延，是旱田、果园、桑园和茶园常见杂草。三叶鬼针草是棉蚜等的中间寄主，易传播植物病虫害。植株具化感作用，抑制其他植物生长，可显著降低生物多样性。

我国最早于1857年在香港发现三叶鬼针草，现分布于辽宁、河北、陕西等12个省份。

10.3　防控措施

10.3.1　农业防治

（1）良种精选。播种前对作物种子进行精选细筛，可减少带入土壤中的三叶鬼针草种子量。

（2）深耕灭草。作物播种前采取深耕翻田的方式，深翻20厘米以上，可有效抑制三叶鬼针草种子萌发。

（3）中耕除草。田间发生的三叶鬼针草，可于其苗期进行中耕除草，减少其扩散危害。

（4）清洁田园。及时清理田埂、沟渠、路边等生境的三叶鬼针草，防止其种子扩散至田间。

10.3.2　物理防治

对于在田间或荒地等生境发生的三叶鬼针草，可在其苗期或开花结果前，采用人工拔除或机械铲除等方式，连根挖除整株植株，并采取粉碎、暴晒等方式进行销毁，防止二次危害。

10.3.3　化学防治

玉米田：播后苗前，可选择噁草·丁草胺、氧氟·乙草胺除草剂，均匀喷雾，土壤处理；玉米3～5叶期，三叶鬼针草苗期，可选择精异丙甲草胺、麦草畏等除草剂，定向茎叶喷雾。

小麦田：播后苗前，可选择噁草·丁草胺、氧氟·乙草胺除草剂，均匀喷雾，土壤处理；三叶鬼针草苗期，可选择麦草畏等除草剂，定向茎叶喷雾。

　　大豆田：播后苗前，可选择噁草·丁草胺、氧氟·乙草胺除草剂，均匀喷雾，土壤处理；大豆3～4叶期、三叶鬼针草苗期，可选择乙氧氟草醚、精异丙甲草胺等除草剂，定向茎叶喷雾。

　　果园、荒地、路边：三叶鬼针草开花前，选择草甘膦、草甘膦铵盐、草铵膦、苄嘧磺隆、苯达松等除草剂，定向茎叶喷雾。

11 水盾草

水盾草（*Cabomba caroliniana* A. Gray），属莼菜科水盾草属，又名绿菊花草、竹节水松。起源于南美洲，目前主要分布于北美洲、南美洲、亚洲、大洋洲的10多个国家。

11.1 生物学特性

水盾草为多年生水生草本植物。叶对生或轮生，有柄；茎细长、具分枝；花单生枝上部叶腋，常白或黄色，稀紫色；果实革质，不开裂。一般温度适宜区域全年可生长，花期10月，通常不结实，主要为枝茎繁殖。

水盾草植株

水盾草花

11.2　危害特点及分布情况

水盾草适应性强、生长速度快，通常以观赏植物引种和水流等途径扩散蔓延，是我国内陆水域的常见杂草。大量水盾草死亡后腐烂耗氧，对渔业造成危害，并影响水域水体质量。水盾草入侵河道、湖泊和水库，会阻碍航行、堵塞水渠等，严重时甚至影响河道泄洪。

我国最早于1993年在浙江省鄞县发现水盾草，目前在江苏、上海、浙江等多个省份发生。

11.3　防控措施

11.3.1　农业防治

对农田中发生的水盾草，可采取排水、干燥、放水露干等手段裸露土表，控制其发生危害。

11.3.2　物理防治

对于水库、河道等水盾草发生水域，可使用人工打捞、机械打捞、拉拦截网、设置水底栅栏或降低水位等措施，对漂浮在水面和没入水中的水盾草进行防除。应妥善处理打捞的水盾草及其残体，采取暴晒、晾干、粉碎等方式进行杀灭，并防止其二次扩散。

11.3.3　化学防治

河道、池塘等水域可在放水露干情况下采用除草剂控制，可选择使它隆等除草剂对水盾草进行防控。

11.3.4　生物防治

在河道、池塘等水域，可采用放养草食性鱼类取食水盾草的方法进行生物控制。也可以释放水盾草象甲（*Hydrotimetes natans* Kolbe）成虫采食水盾草的叶片和茎，控制水盾草的生长。

12 长刺蒺藜草

长刺蒺藜草[*Cenchrus longispinus* (Hackel) Fernald]，属禾本科蒺藜草属，又名刺蒺藜草、草狗子、草蒺藜等。起源于北美洲，目前主要分布于美洲、欧洲、亚洲的10多个国家，是一种恶性入侵杂草。

12.1 生物学特性

长刺蒺藜草为一年生草本植物。株高15～50厘米。叶狭长、似稻叶；秆扁圆形，中空，分蘖成丛；总状花序顶生，穗轴粗糙，椭圆状披针形；刺苞总梗密被短毛，颖果几呈球形，黄褐色或黑褐色。我国北方区域一般5月中旬出苗，6月中旬抽茎分蘖，7月中旬抽穗，8月上旬开花结实。

长刺蒺藜草植株

长刺蒺藜草种子

12.2　危害特点及分布情况

长刺蒺藜草耐旱、耐贫瘠、抗寒、抗病虫害，可随人畜、农机具、种子调运、农产品贸易等途径扩散蔓延，是农田、草原的常见杂草。长刺蒺藜草的刺苞被牲畜吞食会造成机械性损伤，常引起羊乳房炎、阴囊炎、蹄甲炎及跛行，严重时会引起死亡，对羊毛的产量和质量也会造成较大的影响。长刺蒺藜草入侵农田、草原后易形成单一群落，大幅增加耕作、放牧成本。

我国最早于1942年在辽宁省发现长刺蒺藜草，目前在辽宁、内蒙古、吉林等10多个省份发生，呈加速扩散趋势。

12.3　防控措施

12.3.1　农业防治

（1）良种精选。农作物播种前对种子进行精细筛选，剔除掺杂的长刺蒺藜草种子。

（2）深耕灭草。播种前对农田进行清理，并进行20厘米以上深翻，可减少土壤中长刺蒺藜草种子出苗率。

（3）中耕除草。作物生育期适时，中耕除草3～4次，可有效控制长刺蒺藜草种群。

12.3.2　物理防治

（1）连根拔除。长刺蒺藜草在4～5叶期前，根系未大面积下扎，可采用机械铲除、人工除草等方式连根拔除，带出田间晒干或粉碎，防止其繁殖蔓延。

（2）刈割。在长刺蒺藜草孕穗期低位刈割或采取放牧等方式进行清除，对其再生生长及繁殖能力都具有明显抑制作用，能大量减少结实数量。

12.3.3　化学防治

玉米地：播后苗前，可选择甲嘧磺隆、精异丙甲草胺等除草剂，均匀喷雾，土壤处理；在玉米3～5叶期、长刺蒺藜草苗期，可选择烟嘧磺隆、烟嘧磺隆+甲基化植物油、甲酰胺磺隆等除草剂，定向茎叶喷雾；玉米中后期，可选择草甘膦等除草剂，定向茎叶喷雾。

阔叶作物地：长刺蒺藜草苗期，可选择精喹禾灵、精喹禾灵+甲基化植物油、精吡氯禾草灵、氯吡甲禾草灵等除草剂，定向茎叶喷雾。

林地、果园：长刺蒺藜草苗期，可选择精吡氟禾草灵、高效氟吡甲禾灵、精喹禾灵等除草剂，定向茎叶喷雾。

荒地：长刺蒺藜草苗期，可选择精吡氟禾草灵、高效氯吡甲禾灵、精喹禾灵、稀禾定、甲嘧磺隆、草甘膦等除草剂，定向茎叶喷雾。

12.3.4　替代控制

在荒地、路边等生境，可采取种植紫花苜蓿、菊芋、沙打旺等替代植物，控制长刺蒺藜草的发生蔓延。

13 飞机草

飞机草[*Chromolaena odorata* (L.) R. M. King & H. Rob.]，属菊科飞机草属，又名香泽兰、先锋草。起源于墨西哥，目前主要分布于南美洲、非洲、大洋洲、亚洲的30多个国家。

13.1　生物学特性

飞机草为多年生草本植物。株高100～300厘米。叶对生，卵形或三角形；茎直立，密生褐色茸毛或短柔毛；头状花序，花冠白或粉红色；果熟时黑褐色。一般南方区域1年可开花2次，分别为4—5月和9—12月。

飞机草植株

飞机草花

飞机草果实

13.2 危害特点及分布情况

飞机草竞争力强、传播快，可随人畜、农机具、农产品贸易、风等途径扩散蔓延，是南方农田、草地、林地的常见杂草。飞机草多危害玉米、大豆、甘薯、甘蔗、果树、茶树等，降低作物品质和产量，影响农业生产。具化感作用，严重威胁本土植物生长，破坏生物多样性。叶有毒，擦破皮肤会引起红肿、起泡，牲畜误食嫩叶会引起头晕、呕吐。

我国最早于1934年在云南发现飞机草，目前在福建、湖南、江西、广东等南方10多个省份发生，常呈局部点状暴发。

13.3 防控措施

13.3.1 农业防治

（1）水肥管理。对于田间发生的飞机草，可提高农作物和植被的水肥条件，提升作物或草场植被的覆盖度和竞争力，抑制飞机草生长扩散。

（2）深耕灭草。作物播种前可深翻土地20厘米以上，有效抑制飞机草种子出苗。

（3）中耕除草。对农田发生的飞机草，结合农事操作，在苗期进行中耕除草2次以上，可有效控制飞机草田间种群密度。

（4）清洁田园。及时清除田埂、沟渠边等生境发生的飞机草，防止其蔓延至农田。

13.3.2 物理防治

对于零散发生的飞机草，可在其苗期或种子成熟前，选择人工连根拔除；对于大面积发生的飞机草，可采用机械铲除方式。对于挖除的飞机草植株，应采取粉碎、暴晒等方式作无害化处理。

13.3.3 化学防治

水稻田：在飞机草苗期，可选择二甲四氯等除草剂，定向茎叶喷雾。

玉米地：在玉米3～5叶期、飞机草苗期，可选择莠去津、二甲四氯、麦草畏、绿草定等除草剂，定向茎叶喷雾。

果园、茶园、桑园：飞机草苗期和营养生长期，可选择莠去津、氨氯吡啶酸、绿草定、精吡氟禾草灵、草甘膦等除草剂，定向茎叶喷雾。

荒地：飞机草苗期和营养生长期，可选择氨氯吡啶酸、绿草定、精吡氟禾草灵、草甘膦等除草剂，定向茎叶喷雾。

13.3.4 生物防治

（1）天敌防治。对于荒地、路边等自然生境发生的飞机草，可在温度适宜、天气晴好的时间释放专一性天敌泽兰食蝇（*Procecidochares utilis*），对其进行生物防治。

（2）替代控制。可选择大叶千斤拔、落花生、臂形草、距瓣豆等植物对飞机草进行替代控制。

14 凤 眼 蓝

凤眼蓝 [*Eichhornia crassipes* (Mart.) Solms]，属雨久花科凤眼莲属，又名凤眼莲、水葫芦、水浮莲等。起源于南美洲，目前主要分布于非洲、亚洲、美洲、欧洲、大洋洲的50多个国家，是一种恶性入侵杂草。

14.1 生物学特性

凤眼蓝为多年生宿根浮水草本植物。株高可达60厘米。叶基生，圆形、宽卵形或宽菱形，上面深绿色，质厚；根系发达，须根丛生于茎基部，极短，具长匍匐枝；穗状花序，花被裂片紫蓝色；蒴果卵形。一般萌芽期3—5月，开花期7—10月，果期8—11月。通常在8—12月随水流、降雨影响在各地集中暴发，12月下旬开始枯萎，腋芽能存活越冬。

凤眼蓝植株

凤眼蓝花

14.2　危害特点及分布情况

凤眼蓝入侵性强，繁殖速度快，可随水流、农产品贸易、观赏花卉引入等途径扩散蔓延，是我国南方坑塘、河道、湖泊等水域常见杂草。凤眼蓝入侵鱼塘、水库，快速繁殖阻塞航道，并导致水中溶解氧含量低，造成鱼、虾窒息死亡。与本地水生植物竞争光、营养和生长空间，植株腐烂加剧水体富营养化。抑制浮游生物生长，为血吸虫等病原物提供了滋生地，危害人类健康。

我国最早于1901年作为花卉从日本引入我国台湾地区，目前在云南、四川、台湾等近20个省份发生，常呈局部点状暴发。

14.3　防控措施

14.3.1　物理防治

（1）人工、机械打捞。当凤眼蓝生物量和发生面积小时，可采取人工打捞、机械打捞。

（2）阻截带。在水域出水口或入水口，设置阻截带或拦截网，可以阻止凤眼蓝随水流向周围扩散。应妥善处理打捞的凤眼蓝及其残体，采取粉碎、晾干等方式进行杀灭，防止其二次扩散。

14.3.2　化学防治

水稻田：在凤眼蓝生长早期，可选择草甘膦异丙胺盐、五氟黄草胺、杂草克乐等除草剂，定向茎叶喷雾。

沟渠、池塘：在凤眼蓝生长早期，可选择咪唑乙烟酸、草甘膦、杂草克乐等除草剂，定向茎叶喷雾。

14.3.3　生物防治

在晚春或初夏，最低气温稳定回升到13℃以上时，每亩[①]释放凤眼蓝象甲成虫1 500～2 000头，或释放水葫芦螟蛾、水葫芦叶螨、水葫芦盲蝽等天敌昆虫，控制凤眼蓝生长。

---

① 亩为非法定计量单位，1亩=1/15公顷，下同。

15 小蓬草

小蓬草（*Erigeron canadensis* L.），属菊科飞蓬属，又名小白酒草、小飞蓬、加拿大蓬、飞蓬。起源于北美洲，目前在全世界绝大多数国家均有分布。

15.1　生物学特性

小蓬草为一年生或二年生草本植物。株高40～120厘米。下部叶倒披针形，茎中部和上部叶较小；茎直立，具纵条纹，上部分枝；头状花序，排列成顶生多分枝的圆锥花序，外围花雌性，细筒状；瘦果长圆形。一般秋冬或春季出苗，花果期5—10月，以幼苗或种子越冬。果实具冠毛，成熟后易随风快速传播扩散。

小蓬草植株

小蓬草花

15.2　危害特点及分布情况

小蓬草适生性强，种子可随人畜、农产品贸易、风、水流等途径扩散蔓延，是农田、草地、果园的常见杂草。小蓬草种子产量大，多危害玉米、大豆等秋收作物以及果园和茶园，可导致作物减产、品质降低。小蓬草具化感作用，分泌化感物质抑制邻近植物的生长，降低本地物种多样性。

我国最早于1860年在山东发现小蓬草，目前在山东、黑龙江、吉林等23个省份发生。

15.3　防控措施

15.3.1　农业防治

（1）作物轮作。对于作物田发生的小蓬草，可采取洋葱—大麦—胡萝卜等作物轮作方式，降低小蓬草危害程度。

（2）深耕灭草。在作物播种前，深翻土壤20厘米以上，可有效降低农田土壤内小蓬草种子出苗。

（3）中耕除草。结合农事操作，在田间小蓬草的苗期，对作物进行中耕除草，可有效控制小蓬草的种群密度。

（4）刈割。在小蓬草营养生长期或花期，不定期对植株进行刈割，可减少植株的结实量。

（5）清洁田园。及时清除农田周边的小蓬草，防止其扩散进入农田。

15.3.2　物理防治

在小蓬草种子成熟前，可采用人工拔除或机械铲除的方式挖除整株植株，并进行粉碎、暴晒、深埋等无害化处理，防止种子散落引发二次扩散。

15.3.3　化学防治

农田：小蓬草苗期，可选择氯氟吡氧乙酸、二氯吡啶酸、二氯喹啉酸等除草剂，定向茎叶喷雾。

果园：小蓬草萌发前或幼苗期，可选择西玛津、敌草隆等除草剂，均匀喷雾；小蓬草营养生长期或开花前，可选择草甘膦等除草剂，定向茎叶喷雾。

非农生境：在小蓬草苗期至开花前，可选择草甘膦、草丁膦、草铵膦、乙羧·草铵膦、草甘·甲·乙羧等除草剂，定向茎叶喷雾。

16 苏门白酒草

苏门白酒草（*Erigeron sumatrensis* Retz.），属菊科飞蓬属，又名苏门白酒菊。起源于南美洲，目前主要分布干南美洲. 北美洲、非洲、亚洲的20多个国家。

16.1　生物学特性

苏门白酒草为一年生或二年生草本植物。株高可达150厘米。纤维状根，纺锤形；叶密集，叶片狭披针形或近线形；茎粗壮，直立；头状花序多数，总苞卵状、短圆柱状，总苞片灰绿色，花冠淡黄色；瘦果线状披针形。一般10月至翌年3月出苗，花果期7—10月。种子微小，但冠毛相对粗壮较长，易随风进行远距离传播，或被工具、衣服、动物皮毛等黏附携带传播。

苏门白酒草植株

苏门白酒草花

16.2　危害特点及分布情况

苏门白酒草适应性强、传播速度快，可随人畜、农产品贸易、风、水流等途径扩散蔓延，是农田、草地、果园的常见杂草。苏门白酒草危害农作物、蔬菜、果树等，与之争水争肥，导致作物减产。苏门白酒草具有化感作用，能抑制其他植物生长，易形成单一优势群落，降低植物多样性。

我国最早于1922年在福建采集到苏门白酒草标本，目前在福建、河南、山东等18个省份发生。

16.3　防控措施

16.3.1　农业防治

（1）良种精选。农作物播种前，剔除掺杂的苏门白酒草种子。

（2）轮作。在有条件的情况下，作物田可改旱作为水作，或水旱轮作，均可降低次年苏门白酒草的发生和危害程度。

（3）深耕灭草。对于作物地，在播种或定植前对土壤进行20厘米深耕，可有效降低种子出苗量。

（4）中耕除草。对于田间萌发的苏门白酒草，在其出苗高峰期采用中耕除草等措施可有效控制种群密度，降低对农作物的危害。

（5）清洁田园。清理农田附近田埂、边坡的苏门白酒草，保持田园生境清洁，防止其扩散至农田。

16.3.2　物理防治

对于零散发生的苏门白酒草，可在其苗期或种子成熟前，选择手工连根拔除；对于大面积发生的苏门白酒草，可采用机械铲除方式。对于拔除/铲除的苏门白酒草植株，应采取粉碎、暴晒等方式作无害化处理。

16.3.3　化学防治

玉米田：播后苗前，可选择莠去津等除草剂，均匀喷雾，土壤处理；玉米3～5叶期、苏门白酒草苗期，可选择二甲四氯等除草剂，定向茎叶喷雾。

大豆田：播后苗前，可选择莠去津等除草剂，均匀喷雾，土壤处理；大豆3～4叶期、苏门白酒草苗期，可选择乙羧氟草醚等除草剂，定向茎叶喷雾。

果园：苏门白酒草苗期，可选择甲嘧磺隆、草甘膦、草铵膦等除草剂，定向茎叶喷雾。

荒地：在苏门白酒草开花前，可选择草甘膦、草铵膦等除草剂，定向茎叶喷雾。

17 黄顶菊

黄顶菊 [*Flaveria bidentis* (L.) Kuntze]，属菊科黄顶菊属，又名二齿黄菊、南美黄顶菊、野菊花。起源于南美洲，目前主要在南美洲、北美洲、亚洲、欧洲、非洲的20多个国家发生。

17.1 生物学特性

黄顶菊为一年生草本植物。株高可达150～200厘米。叶片披针状椭圆形，边缘有锯齿；茎直立；头状花序或蝎尾状聚形花序，黄色；瘦果倒披针形或近棒状，冠毛缺。一般在北方4月下旬至9月下旬均可以出苗，出苗早的植株于7月下旬开始出现花序，8月底至11月上旬为种子成熟期，至11月初最低温度降至10℃以下，大部分植株干枯。

黄顶菊植株

黄顶菊花

17.2　危害特点及分布情况

黄顶菊竞争力强、种子产量大且小而轻，可随人畜、农机具、农产品贸易、风、水流、鸟类携带等途径扩散蔓延，是农田、草地、果园的常见杂草。黄顶菊具化感作用，对土壤养分循环、酶活性、微生物群落产生影响，争水争肥，导致农作物和果树减产。排斥和抑制其他草本植物生长，形成单一群落，减少本地物种多样性。

我国最早于2001年在天津发现黄顶菊，目前在河北、天津、山东、河南、山西等多个省份发生。

17.3　防控措施

17.3.1　农业防治

（1）密实覆盖。农田、果园生境，在春季黄顶菊出苗前，用植物秸秆密实覆盖或覆盖黑色地膜遮光，可降低种子出苗。

（2）深耕灭草。对于作物地，在播种前对土壤进行20厘米深耕，可有效抑制黄顶菊种子出苗量。

（3）中耕除草。对于田间萌发的黄顶菊，在其出苗高峰期，结合作物栽培管理，进行中耕除草2次以上，可有效控制其种群密度。

（4）刈割。在黄顶菊营养生长期和现蕾期进行刈割，可有效抑制黄顶菊植株再生和开花结实。

（5）清洁田园。清理农田附近田埂、边坡的黄顶菊，保持田园生境清洁，防止其扩散至农田。

17.3.2　物理防治

对于零散发生的黄顶菊，可在其苗期或种子成熟前，选择手工连根拔除；对于大面积发生的黄顶菊，可采用机械铲除方式。对于挖除的黄顶菊植株，应采取粉碎、暴晒等方式作无害化处理。

17.3.3　化学防治

小麦田：在黄顶菊苗期，可选择苄嘧磺隆、麦草畏等除草剂，定向茎叶喷雾。

玉米田：在玉米3～5叶期、黄顶菊苗期，可选择烟嘧磺隆、硝磺草酮、硝磺草酮+莠去津、唑嘧磺隆等除草剂，定向茎叶喷雾。

大豆田：播后苗前，可选择乙草胺、异丙甲草胺等除草剂，均匀喷雾，土壤处理；在大豆3～4叶期、黄顶菊苗期，可选择乙羧氟草醚、乳氟禾草灵、灭草松等除草剂，定向茎叶喷雾。

花生田：播后苗前，可选择乙草胺、异丙甲草胺等除草剂，均匀喷雾，土壤处理。

棉花田：播后苗前，可选择乙草胺、异丙甲草胺等除草剂，均匀喷雾，土壤处理；在棉花3～4叶期、黄顶菊苗期，可选择嘧草硫醚等除草剂，定向茎叶喷雾。

果园：在黄顶菊苗期，可选择乙羧氟草醚、硝磺草酮、草甘膦等除草剂，定向茎叶喷雾。

荒地：在黄顶菊苗期，可选择氨氯吡啶酸、三氯吡氧乙酸、硝磺草酮、乙羧氟草醚、草甘膦等除草剂，定向茎叶喷雾。

17.3.4　生物防治

在荒地、路边、沟渠等生境，可选择种植紫穗槐、紫花苜蓿、向日葵、菊芋、高丹草、小冠花、沙打旺等具有较好经济、生态效益的本地植物作为替代植物，对黄顶菊进行控制。

18 五爪金龙

五爪金龙[*Ipomoea cairica* (L.) Sweet]，属旋花科番薯属，又名槭叶牵牛、番仔藤、台湾牵牛花、掌叶牵牛、五爪龙。起源于非洲和亚洲，目前主要分布于南美洲、亚洲、非洲、大洋洲的10多个国家。

18.1 生物学特性

五爪金龙为多年生草质藤本植物。植株可长达500厘米。根肉质，白色或肉红色；叶掌状5深裂或全裂，裂片卵状披针形、卵形或椭圆形；主茎逐渐木质化，常有小瘤状突起；聚伞花序腋生，花冠紫红色、紫色或淡红色，偶有白色，漏斗状；蒴果球形，种子暗褐色至黑色，呈不规则卵形。一般在自然条件下，种子自然萌发率低，5—12月开花，花期约50天，花完全枯萎后木质化的茎仍然保持生命力，经1个月休眠期后，翌年2月又开始新的生长季。

五爪金龙植株

五爪金龙花

18.2　危害特点及分布情况

五爪金龙繁殖能力强，可随人畜、农机具、农产品贸易等途径扩散蔓延，是南方茶园、果园、林地的常见杂草。五爪金龙攀缘于乔木、灌木和草本植物，严重影响作物、树木生长，甚至造成死亡。

我国最早于1912年在香港发现五爪金龙，目前在贵州、海南、福建等多个省份发生，呈加速扩散趋势。

18.3　防控措施

18.3.1　农业防治

（1）中耕除草。对于田间萌发的五爪金龙，在其出苗高峰期采用中耕除草2次以上等措施可有效控制其种群密度，降低对农作物的危害。

（2）清洁田园。清理农田附近的五爪金龙，保持田园生境清洁，防止其扩散至农田。

18.3.2　物理防治

对于零散发生的五爪金龙，可在其苗期或种子成熟前，选择人工割除，在开花后未结实时砍除茎部；对于大面积发生的五爪金龙，可采用机械铲除方式。对于挖除的五爪金龙植株，应采取粉碎、暴晒等方式作无害化处理。

18.3.3　化学防治

玉米田：五爪金龙苗期，可选择麦草畏、氯氟吡氧乙酸等除草剂，定向茎叶喷雾。

大豆田：五爪金龙苗期，可选择噁草灵等除草剂，定向茎叶喷雾。

果园、林地：五爪金龙苗期，可选择噁草灵、麦草畏、氯氟吡氧乙酸等除草剂，定向茎叶喷雾。

荒地、路边：五爪金龙开花前，可选择麦草畏、氯氟吡氧乙酸、草甘膦等除草剂，定向茎叶喷雾。

19 假苍耳

假苍耳[*Cyclachaena xanthiifolia* (Nutt.) Fresen.]，属菊科假苍耳属。起源于北美洲，目前在全世界多个国家广泛发生。

19.1 生物学特性

假苍耳为一年生草本植物。株高可达200厘米。叶片广卵形、卵形、长圆形或近圆形，叶对生，茎上部叶互生；茎直立，有分枝；瘦果倒卵形，背腹压扁，黑色或黑褐色。7月始开花，8—9月果成熟，9月植株开始陆续枯死，生育期约为145天。

假苍耳植株　　　　　　　　　　　　　　　假苍耳花

19.2 危害特点及分布情况

植株生长旺盛，根系吸收能力强，种子可随人畜、农机具、种子调运等途径扩散蔓延，危害禾谷类作物、牧草。抢夺消耗水、肥资源，严重影响作物生长。叶有苦味，牲畜不食，花粉能引起人患皮炎和枯草热。

1981年首次在辽宁省朝阳县发现假苍耳，现分布于黑龙江、吉林、辽宁、河北、山东等省份，并趋向扩散至东北和华北地区。

19.3 防控措施

19.3.1 农业防治

（1）良种精选。农作物播种前，剔除掺杂的假苍耳种子。

（2）深耕灭草。对于作物地，在播种前对土壤进行20厘米深耕，可有效抑制假苍耳种子出苗量。

（3）中耕除草。对于田间萌发的假苍耳，可结合作物栽培管理，在其出苗高峰期进行中耕除草2次以上，可有效控制其种群密度。

（4）清洁田园。清理农田附近田埂、边坡的假苍耳，保持田园生境清洁，防止其扩散至农田。

19.3.2 物理防治

对于零星生长的假苍耳，可在苗期进行拔除。对于生长迅速、根系庞大的成片假苍耳，应进行机械割除，且应贴地低割，不留高茬，以防新枝再发。人工防除，均宜在植物开花前进行，使其不能开花结籽。

19.3.3 化学防治

在非农田生境，可在假苍耳4～6叶期选择草甘膦、氟磺胺草醚、苯嗪草酮等除草剂防除。

19.3.4 替代控制

在荒地、路边等生境，可选用紫穗槐、沙棘、草地早熟禾、菊芋等有经济价值、绿化价值和生态效益的替代植物进行种植，抑制假苍耳群落的生长。

20 马缨丹

马缨丹（*Lantana camara* L.），属马鞭草科马缨丹属，又名五色梅、五彩花、如意草。起源于美洲热带地区，目前主要分布于亚洲、欧洲、北美洲的50多个国家，是一种恶性入侵毒草。

20.1　生物学特性

马缨丹为多年生直立或蔓性灌木植物。株高100～200厘米。叶卵形或卵状长圆形，基部心形或楔形，具钝齿；茎枝呈四方形，通常有短而倒钩状刺；花序直径1.5～2.5厘米，花冠黄或橙黄色，花后深红色；果球形，紫黑色。华南地区一年四季都能开花结果，冬季进入休眠期。

马缨丹植株　　　　　　　　　　　　　　马缨丹花

20.2 危害特点及分布情况

马缨丹喜高温、高湿和阳光充足的环境，耐干旱，具有强烈的化感作用，主要通过栽培引种以及鸟类、猴类和羊群取食果实后空投或排粪传播。马缨丹严重妨碍并排挤其他植物生存，是我国南方牧场、林场、茶园和柑橘园土著植物的恶性竞争者，人畜误食叶、花、果等可引起中毒。

我国最早于19世纪初期在台湾发现马缨丹，目前在福建、浙江、云南、四川、广东、广西等省份发生，华南、西南热带、亚热带地区为风险扩散区域。

20.3 防控措施

20.3.1 农业防治

（1）中耕除草。结合作物栽培措施，在马缨丹种子出苗期，对作物进行中耕除草，可控制种群数量。

（2）清洁田园。秋季或春季播种前，对田园、果园周边的马缨丹植株进行连根清除，保持田园生境清洁，防止其扩散至农田。

20.3.2 物理防治

对于零散发生的马缨丹，可在其苗期或种子成熟前，选择手工连根拔除；对于大面积发生的马缨丹，可采用机械铲除方式。对于挖除的马缨丹植株，应采取粉碎、暴晒等方式作无害化处理。

20.3.3 化学防治

非农田生境，可在马缨丹营养生长期开始时，选择麦草畏、草甘膦等除草剂，定向茎叶喷雾。

21 毒莴苣

毒莴苣（*Lactuca serriola* L.），属菊科莴苣属，又名野莴苣、刺莴苣、银齿莴苣、阿尔泰莴苣。起源于欧洲，目前主要分布于亚洲、欧洲的10多个国家。

21.1 生物学特性

毒莴苣为一年生草本植物。株高50～250厘米。茎叶倒披针或长椭圆形；茎直立无毛或有白色茎刺；头状花序排成圆锥状，舌状小花黄色；瘦果倒披针形，压扁，浅褐色。苗期生长速度缓慢，花果期6—8月。花期长，传粉率高，结实量大，种子寿命可达3年以上。

毒莴苣植株　　　　　　　　　　毒莴苣花

21.2　危害特点及分布情况

毒莴苣生命力旺盛、根系吸收能力强，种子可借风力、水力等大范围扩散，也可通过农产品运输、动物皮毛携带等途径传播。与农作物争夺养分，降低农作物的产量和质量；植株含麻醉剂成分，全株有毒，人畜误食可能中毒。

我国最早于1949年在云南发现毒莴苣，目前在云南、浙江、新疆等省份发生。

21.3　防控措施

21.3.1　农业防治

（1）作物轮作。可采取不同作物轮作措施，压低毒莴苣土壤种子库量。

（2）深耕灭草。对于作物地，在播种前对土壤进行20厘米深耕，可有效抑制毒莴苣种子萌发，大幅度降低种子出苗量。

（3）中耕除草。对于田间萌发的毒莴苣，在其出苗高峰期采用中耕除草2次以上等措施可有效控制其种群密度，降低对农作物的危害。

（4）清洁田园。清理农田附近田埂、边坡的毒莴苣，保持田园生境清洁，防止其扩散至农田。

21.3.2　物理防治

对于野外零散发生的毒莴苣，可在其苗期或种子成熟前，选择人工连根拔除；对于大面积发生的毒莴苣，可采用机械铲除方式。对于挖除的毒莴苣植株，应采取粉碎、暴晒等方式作无害化处理。

21.3.3　化学防治

非农田生境，在毒莴苣开花前，可选择2，4-二氯苯氧基乙酸、草甘膦、草铵膦等除草剂，定向茎叶喷雾。

22 薇甘菊

薇甘菊（*Mikania micrantha* Kunth），属菊科假泽兰属，又名小花假泽兰、米干草、山瑞香。起源于美洲热带地区，目前在南亚、东南亚、大洋洲、中南美洲的20多个国家发生，是一种恶性入侵杂草。

22.1 生物学特性

薇甘菊为多年生攀缘草本植物。叶对生，叶片三角状卵形至卵形，基部心形；茎细长，多分枝，近圆柱形；头状花序，花冠白色。瘦果黑色，被毛。花果期自8月至翌年2月，开花后10 ~ 12天内种子成熟。

薇甘菊植株

薇甘菊花

22.2 危害特点及分布情况

薇甘菊生长速度极快，英文俗名为"一日千里"。种子小而轻，易借风力、水流、动物、昆虫以及人类活动而远距离传播。薇甘菊可通过种子或茎节繁殖，在其适生地攀缠于乔木、灌木，通过光合作用竞争或化感作用抑制自然植被和作物生长，影响作物产量和生物多样性。

薇甘菊于1984年首次在我国深圳发现，目前主要在广东、广西、福建、海南、云南等省份发生。

22.3 防控措施

22.3.1 物理防治

对于薇甘菊零散发生地，在春季或夏初，薇甘菊藤蔓较短时将其连根拔除，连续进行3～4次；对于薇甘菊覆盖较大的发生地，在营养生长期至种子成熟前（一般为4—9月），先用刀、枝剪等将薇甘菊藤蔓在离地50厘米处割断，清除地上部分的藤蔓，挖出根部。对清除的植株进行集中烧毁或就地深埋。

22.3.2 化学防治

玉米田：薇甘菊幼苗期，可选择氟草烟、硝磺草酮等除草剂，定向茎叶喷雾。

大豆田：薇甘菊幼苗期，可选择广灭灵、扑草净、灭草松等除草剂，定向茎叶喷雾。

甘蔗园：薇甘菊幼苗期，可选择氨氯吡啶酸、扑草净、灭草松、草甘膦等除草剂，定向茎叶喷雾。

果园：薇甘菊幼苗期，可选择莠灭净、氟草烟、草甘膦等除草剂，定向茎叶喷雾。

林地：薇甘菊生长旺盛期，可选择森草净、草甘膦、草甘·三氯吡等除草剂，定向茎叶喷雾。

橡胶园：薇甘菊生长旺盛期，可选择二氯吡啶酸、三氯吡氧乙酸、草甘膦异丙胺盐等除草剂，定向茎叶喷雾。

荒地、路边：薇甘菊生长旺盛期，可选择草甘膦、草甘·三氯吡等除草剂，定向茎叶喷雾。

22.3.3 生物防治

在野外薇甘菊大面积发生区，可在阴凉无风天气，通过释放薇甘菊柄锈菌（*Puccinia spegazzinide*）等天敌控制薇甘菊。

23 光荚含羞草

光荚含羞草[*Mimosa bimucronata* (DC.) Kuntze]，属豆科含羞草属，又名光叶含羞草。起源于美洲热带地区，目前主要分布于北美洲、亚洲热带和亚热带的10多个国家。

23.1 生物学特性

光荚含羞草为半落叶灌木或小乔木植物。株高300～600厘米。二回羽状复叶，羽片6～7对，小叶12～16对；头状花序球形，花白色；荚果带状，褐色。花期3—9月，果期10—11月或至翌春。枝条萌蘗能力强，采伐后可迅速恢复再生。

光荚含羞草植株

光荚含羞草花

23.2　危害特点及分布情况

光荚含羞草抗逆性强，种子成熟后可在风力、雨水作用下自然散落，也可通过鸟类或其他动物携带传播。光荚含羞草入侵后，能在短时间形成单一优势群落，排挤本地物种，影响群落自然演替，降低本地物种多样性，并且是堆蜡粉蚧、蜡彩蓑蛾幼虫的寄主植物。

最早于1997年在福建发现光荚含羞草，目前主要在福建、广东、海南等省份发生。

23.3　防控措施

23.3.1　农业防治

（1）增加覆盖度。对裸地、间隙裸地及时复植草坪、林木或花卉，增加植被覆盖度，阻止光荚含羞草入侵。

（2）刈割。在光荚含羞草生长阶段，不定期对其进行刈割，可降低结实量。

（3）清洁田园。对农田周边的光荚含羞草植株进行清理，防止扩散至农田内。

23.3.2　物理防治

对于农田、果园、荒地等生境零散发生的光荚含羞草，可采用手工连根拔除整个植株的方式进行防除。对于大面积发生区可采用机械割除措施防治，拔除或割除的植株集中进行暴晒销毁。

23.3.3　化学防治

在光荚含羞草营养生长期开始时，可选用农达、草甘膦、草甘膦异丙胺盐等除草剂进行定向叶面喷雾。

24 银胶菊

银胶菊（*Parthenium hysterophorus* L.），属菊科银胶菊属，又名美洲银胶菊、满天星。起源于美洲热带地区，目前在美洲、亚洲、非洲等的30多个国家发生。

24.1 生物学特性

银胶菊为一年生草本植物。株高60～100厘米。叶卵形或椭圆形，羽片3～4对；茎直立多分枝，具条纹；头状花序伞房状，舌状花白色；瘦果倒卵形，黑色。3月中旬至9月下旬为出苗期，5月中旬至7月初为分枝期，5月下旬至8月上旬为开花期，7月中旬至8月下旬为结果盛期。

银胶菊植株

银胶菊花

24.2 危害特点及分布情况

银胶菊生长适应性强，其种子可通过交通工具、器械、牲畜、谷物和饲料等进行传播。银胶菊具化感作用，与农作物竞争养分和光资源，抑制和排挤其他植物生长，易形成单优种群，造成玉米、小麦和大豆等重要农作物大幅减产。银胶菊花粉会产生严重过敏反应，引起人畜发生皮炎、发烧和哮喘。

我国最早于1926年在云南发现银胶菊，目前在山东、福建、湖南、广东、广西、海南、四川、贵州等10多个省份发生。

24.3 防控措施

24.3.1 农业防治

（1）深耕灭草。对于作物地，在播种前对土壤进行20厘米深耕，可有效抑制银胶菊种子出苗量。

（2）中耕除草。对于田间萌发的银胶菊，在其出苗高峰期，结合栽培管理进行中耕除草2次以上，可有效控制其种群密度。

（3）清洁田园。清理农田附近田埂、边坡的银胶菊，保持田园生境清洁，防止其扩散至农田。

24.3.2 物理防治

对于零散发生的银胶菊，可在其苗期或种子成熟前，选择手工连根拔除；对于大面积发生的银胶菊，可采用机械铲除方式。对于挖除的银胶菊植株，应采取粉碎、暴晒等方式作无害化处理。

24.3.3 化学防治

小麦地：播后苗前，可选择莠去津、砜嘧磺隆等除草剂，均匀喷雾，土壤处理；银胶菊苗期，可选择苯磺隆、磺草酮等除草剂，定向茎叶喷雾。

玉米田：播后苗前，可选择莠去津、砜嘧磺隆等除草剂，均匀喷雾，土壤处理；玉米3～5叶期、银胶菊苗期，可选择硝磺草酮、磺草酮等除草剂，定向茎叶喷雾。

大豆田：播后苗前，可选择莠去津、砜嘧磺隆等除草剂，均匀喷雾，土壤处理；银胶菊苗期，可选择嗪草酮、乙氧氟草醚等除草剂，定向茎叶喷雾。

甜（辣）椒、茄子：在银胶菊苗期，可选择异丙隆等除草剂，定向茎叶喷雾。

果园、荒地：在银胶菊苗期，可选择草甘膦、二甲四氯、乙氧氟草醚，定向茎叶喷雾。

25 垂序商陆

垂序商陆（*Phytolacca americana* L.），属商陆科商陆属，又名美洲商陆、美国商陆。起源于北美洲，目前主要分布于亚洲、欧洲和非洲的20多个国家。

25.1 生物学特性

垂序商陆为多年生草本或灌木植物。株高100～200厘米。叶片长卵形、披针形，叶背面带紫色；茎直立，近肉质，圆柱形带紫红色；总状花序顶生或侧生，小花40～60朵，粉红色；浆果黑色，种子扁球形，具光泽。以肉质根和种子繁殖。春季萌发，花期7—8月，果期8—10月。

垂序商陆植株

垂序商陆花

25.2 危害特点及分布情况

垂序商陆环境适应性强，生长迅速，种子常通过鸟类传播。易形成单一优势群落，能覆盖其他植物体，造成作物光照不足，并与农作物争夺养分，直接影响农作物产量和品质。根及浆果对人和家畜均有毒。

最早于1932年在山东发现垂序商陆，目前在河北、陕西、江苏、湖北、江西、福建、湖南、广东、云南等10多个省份发生。

25.3 防控措施

25.3.1 农业防治

（1）深耕灭草。对于作物地，在播种前对土壤进行20厘米深耕，可有效抑制垂序商陆种子出苗量。

（2）中耕除草。对于田间萌发的垂序商陆，在出苗高峰期，结合栽培管理进行中耕除草2次以上，可有效控制其种群密度。

（3）清洁田园。清理农田附近田埂、边坡的垂序商陆，保持田园生境清洁，防止其扩散至农田。

25.3.2 物理防治

对于零散发生的垂序商陆，可在其苗期或种子成熟前，选择手工连根拔除；对于大面积发生的垂序商陆，可采用机械铲除方式。对于挖除的垂序商陆植株，应采取粉碎、暴晒等方式作无害化处理。

25.3.3 化学防治

在垂序商陆苗期，可选择草甘膦等除草剂，定向茎叶喷雾。

25.3.4 生物防治

在入侵地种植紫穗槐、沙打旺、紫花苜蓿等具有较好经济、生态效益的替代植物，可有效控制垂序商陆的种群扩散。

26 大　藻

大藻（*Pistia stratiotes* L.），属天南星科大藻属，又名水白菜、水浮萍。起源于南美洲，目前在全世界热带和亚热带地区的国家广泛发生。

26.1　生物学特性

大藻为水生飘浮草本植物。叶簇生成莲座状，叶片倒三角形、倒卵形、扇形等，佛焰苞白色，长0.5 ~ 1.2厘米，外被茸毛；须根羽状；浆果卵圆形，种子圆柱形。大藻以无性繁殖为主，在广东、广西地区全年生长，夏季开花结实，江苏、浙江一带7月开花，从开花到种子成熟需60 ~ 80天。

大藻植株

大藻花

26.2　危害特点及分布情况

大藻在水中生长迅速，通常随水流快速传播。在自然水体或潮湿地生长繁殖，能够在较短时间内形成较大种群，大量消耗水中氧气，排挤本地水生植物生长，导致沉水植物死亡，破坏水质和水生生态系统，影响水产养殖，堵塞航道，影响航运。

大藻最早于20世纪50年代作为猪饲料引入我国进行栽培，目前主要在江苏、浙江、安徽、山东、湖北、江西、广东、海南、四川、西藏等10多个省份发生。

26.3　防控措施

26.3.1　农业防治

对于闲置池塘、河道等水域，可进行开发利用，减少适宜大藻滋生的生境；暂时排水，使大藻脱离水源，无法生长，达到防除的目的。

26.3.2　物理防治

在水库、河道等发生区域，采取拉拦截网、人工打捞和机械打捞等方式，对漂浮在水面和没入水中的大藻进行防除，妥善处理打捞的大藻及其残体，采取暴晒、晾干等方式进行杀灭，并防止其接触水体或土壤，以免造成二次扩散。

26.3.3　化学防治

非水源生境中的大藻，可在其营养生长前期，可选择杂草克乐、草甘膦异丙胺盐等除草剂防除。

27 假 臭 草

假臭草[*Praxelis clematidea* (Hieronymus ex Kuntze) R.M. King & H. Rob.]，属菊科假臭草属，又名猫腥菊。起源于南美洲，目前主要分布于南美洲、亚洲和大洋洲的20多个国家。

27.1 生物学特性

假臭草为小灌木或一年生草本植物。株高30～100厘米。叶对生，卵形，具腥味；茎直立或上升；头状花序，总苞钟形，蓝紫色；瘦果黑色，具白色冠毛。在热带、亚热带地区，花期一般为5—11月，种子成熟贯穿夏秋两季，全年可以萌发。

假臭草植株

假臭草花

27.2　危害特点及分布情况

假臭草生长迅速，种子可随农产品、水、风、农业机械或其他昆虫进行传播。具化感作用，能排挤和抑制其他草本植物生长，形成单优群落，导致当地生物多样性降低。植株分泌有毒的恶臭物质，影响家畜健康。

我国最早于20世纪80年代在香港发现假臭草，目前在福建、江西、广东、广西、海南、云南等10多个省份发生。

27.3　防控措施

27.3.1　农业防治

（1）水肥管理。提升水肥条件，提升农作物或草场的植被覆盖度和竞争力。

（2）减少抛荒。增加荒地可耕种性，减少抛荒，减少假臭草的繁衍空间。

（3）深耕灭草。对于作物地，在播种前对土壤进行20厘米深耕，可有效抑制假臭草种子萌发，大幅度降低种子出苗量。

（4）中耕除草。在假臭草出苗高峰期，结合作物栽培管理，中耕除草2次以上，可有效控制其种群密度。

（5）清洁田园。清理农田附近田埂、边坡的假臭草，保持田园生境清洁，防止其扩散至农田。

27.3.2　物理防治

对于零散发生的假臭草，可在其苗期或种子成熟前，选择手工连根拔除；对于大面积发生的假臭草，在种子成熟前，可采用机械铲除方式。对于拔除/铲除的假臭草植株，应采取粉碎、暴晒等方式作无害化处理。

27.3.3　化学防治

玉米地：播后苗前，可选择乙草胺等除草剂，均匀喷雾，土壤处理；玉米3～5叶期、假臭草苗前，可选择草甘膦异丙胺盐+二甲四氯等除草剂，定向茎叶喷雾。

果园：假臭草开花前，可选择草铵膦、草甘膦、草甘膦异丙胺盐+二甲四氯等除草剂，定向茎叶喷雾。

荒地：在假臭草苗期至开花前，可选择草铵膦、草甘膦、草甘膦异丙胺盐+二甲四氯、氨氯吡啶酸等除草剂，定向茎叶喷雾。

28 刺果瓜

刺果瓜（*Sicyos angulatus* L.），属葫芦科刺果瓜属，又名野生黄瓜、刺黄瓜等。起源于美国，目前主要分布于北美洲、欧洲、亚洲的10多个国家。

28.1 生物学特性

刺果瓜为一年生大型藤本植物。叶片两面微粗糙被短柔毛，密被白色柔毛；茎具纵向的槽棱；花雌雄同株；果实3～20个簇生，种子椭圆形或近圆形，灰褐色或灰黑色。生长期为4—11月初，花期5—10月，果实9—10月果实成熟。

刺果瓜植株

刺果瓜果实

28.2 危害特点及分布情况

刺果瓜喜欢潮湿、背阴的环境，长势茂盛，果实上具有长刚毛，可以附着在动物的身体、人的衣服等物体表面，随着动物和人的移动扩散传播。与作物竞争阳光、水分和养分，可直接导致作物减产、品质降低。

我国最早于1987年在云南发现刺果瓜，目前在辽宁、北京、河北、台湾、四川、云南等省份发生。

28.3　防控措施

28.3.1　农业防治

（1）中耕除草。结合栽培管理，在刺果瓜出苗期间，对作物进行中耕除草，可降低种群密度。

（2）轮作。作物田与矮秆植物进行轮作，增加土地覆盖度。

（3）清洁田园。对农田周边的刺果瓜植株进行连根铲除清理，防止扩散至农田内。

28.3.2　物理防治

对于点状、零星分布的刺果瓜，在春季苗期，人工拔除。对于发生面积大，且不适宜使用化学防治的区域，可在营养生长期，从基部剪断藤蔓，减少果实结实量。对作物田，可以采用地膜覆盖高温除草。

28.3.3　化学防治

玉米田：玉米播种后出苗前，选择莠去津等除草剂，均匀喷雾，土壤处理。玉米3～5叶期、刺果瓜苗前，可选择烟嘧磺隆、硝磺草酮、烟嘧磺隆+莠去津、硝磺·烟嘧·莠去津、麦草畏等除草剂，定向茎叶喷雾。

荒地、路边等非农生境：在刺果瓜蔓长达50厘米后，选择草甘膦、草铵膦、敌草快、莠去津等除草剂，定向茎叶喷雾。

29 黄花刺茄

黄花刺茄（*Solanum rostratum* Dunal），属茄科茄属，又名刺萼龙葵。起源于北美洲，目前主要分布于美洲、亚洲、欧洲、非洲、大洋洲的20多个国家。

29.1 生物学特性

黄花刺茄为一年生草本植物。株高15～70厘米。叶互生，卵形或椭圆形；茎表面有毛，密生黄色硬刺，基部近木质；蝎尾状聚伞花序腋外生；浆果球形，种子黑褐色。4月或5月上旬气温达到10℃时，种子萌发、出苗。5月下旬至6月中旬开花，8月果实成熟。

黄花刺茄植株

黄花刺茄果实

29.2 危害特点及分布情况

黄花刺茄耐干旱、耐贫瘠，生长速度快，种子可通过动物的皮毛、交通运输工具或人类活动等各种媒介进行远距离传播，是一种农牧区常见恶性杂草。入侵牧场、农田和村落等区域，与当地植物争夺水、肥、光等资源，严重抑制作物生长，影响作物产量。毛刺和果实伤害家畜，影响人体健康。

我国最早于1981年在辽宁省发现黄花刺茄，目前在黑龙江、辽宁、吉林、内蒙古、河北、北京、天津、山西、新疆等10多个省份发生。

29.3 防控措施

29.3.1 农业防治

（1）良种精选。农作物播种前，剔除掺杂的黄花刺茄种子。

（2）深耕灭草。对于作物地，在播种前对土壤进行20厘米深耕，可有效抑制黄花刺茄种子出苗量。

（3）中耕除草。对于田间萌发的黄花刺茄，在其出苗高峰期，结合作物栽培管理，中耕除草2次以上，可有效控制其种群密度。

（4）清洁田园。清理农田附近田埂、边坡的黄花刺茄，保持田园生境清洁，防止其扩散至农田。

29.3.2 物理防治

对于零散发生的黄花刺茄，可在其苗期或种子成熟前，选择手工连根拔除；对于大面积发生的黄花刺茄，可采用机械铲除方式。对于挖除的黄花刺茄植株，采取粉碎、暴晒等方式作无害化处理。

29.3.3 化学防治

玉米田：在黄花刺茄幼苗期，可选择烟嘧磺隆、硝磺草酮、莠去津等除草剂，定向茎叶喷雾。

大豆田：在黄花刺茄幼苗期，可选择乳氟禾草灵、乙羧氟草醚、氟磺胺草醚、灭草松等除草剂，定向茎叶喷雾。

草地：在黄花刺茄幼苗期，可选择氨氯吡啶酸等除草剂，定向茎叶喷雾。

果园：在黄花刺茄幼苗期，可选择氨氯吡啶酸、草甘膦等除草剂，定向茎叶喷雾。

荒地、路边：在黄花刺茄开花前，可选择氨氯吡啶酸、氯氟吡氧乙酸、三氯吡氧乙酸、草甘膦等除草剂，定向茎叶喷雾。

29.3.4 生物防治

在荒地、公路、铁路两侧可选择种植紫穗槐、沙棘、紫花苜蓿、沙打旺等具有较好经济生态效益的替代植物，抑制黄花刺茄生长繁殖扩散。

30 加拿大一枝黄花

加拿大一枝黄花（*Solidago canadensis* L.），属菊科一枝黄花属，又名黄莺、麒麟草。起源于北美洲，目前主要分布于欧洲、亚洲、美洲的20多个国家。

30.1　生物学特性

加拿大一枝黄花为多年生草本植物。株高30～250厘米。叶互生，披针形或线状披针形；茎长根状；圆锥花序顶生，分枝蝎尾状；瘦果具7条纵棱，冠毛白色。我国华东地区11月至翌年8月为营养生长期，9—10月植株进入生殖生长阶段，10月初见花，11月初吐冠毛，果实成熟。

加拿大一枝黄花植株

加拿大一枝黄花花

30.2　危害特点及分布情况

加拿大一枝黄花适应性广、根系吸收能力强，种子易借风力、动物以及人类的活动远距离传播。花粉量大，会导致人的花粉过敏；对其他植物有抑制作用，降低物种多样性；入侵果园、农田、菜地，可与作物争夺营养物质和水分。

我国最早于1936年作为观赏花卉引进加拿大一枝黄花，20世纪80年代逃逸蔓延成杂草，目前在上海、江苏、安徽、浙江、湖北、江西等10多个省份发生。

30.3 防控措施

30.3.1 农业防治

（1）恢复植被。减少耕地抛荒，复耕抛荒地，增加土地植被覆盖度，可遏制加拿大一枝黄花的生长和蔓延。

（2）水旱轮作。对于有条件的土地，进行水旱轮作，可有效防控加拿大一枝黄花。

（3）深耕灭草。在作物播种或定植前，对土壤进行深耕，将土壤表层种子翻至土壤深层，可减少加拿大一枝黄花的出苗。

（4）清沽田园。对田园、果园周边的加拿大一枝黄花植株进行清除（包括地下根状茎），防止其扩散至农田、果园。

30.3.2 物理防治

对于农田、果园、荒地等生境零散发生的加拿大一枝黄花，可采用手工连根拔除整个植株的方式进行防除。在加拿大一枝黄花大面积发生区可采用机械割除措施防治，拔除或割除的植株集中进行暴晒销毁。

30.3.3 化学防治

禾谷类作物田：在加拿大一枝黄花幼苗期，可选择氯氟吡氧乙酸异辛酯、二甲四氯、苯磺隆等除草剂，定向茎叶喷雾。

果园：在加拿大一枝黄花幼苗期，可选择草甘膦异丙胺盐、氯氟吡氧乙酸、咪唑烟酸等除草剂，定向茎叶喷雾。

荒地：在加拿大一枝黄花幼苗期，可选择草甘膦异丙胺盐、咪唑烟酸、甲嘧磺隆、草甘膦等除草剂，定向茎叶喷雾。

林地：在加拿大一枝黄花幼苗期，可选择草甘膦异丙胺盐、啶嘧磺隆、咪唑烟酸、甲嘧磺隆等除草剂，定向茎叶喷雾。

公路、铁路两侧护坡：在加拿大一枝黄花幼苗期，可选择草甘膦异丙胺盐、咪唑烟酸、甲嘧磺隆等除草剂，定向茎叶喷雾。

31 假高粱

假高粱[*Sorghum halepense* (L.) Pers.]，属禾本科假高粱属，又名假高粱、宿根高粱、约翰逊草等。起源于欧洲地中海地区，目前主要分布于欧洲、亚洲、南美洲、北美洲、大洋洲的90多个国家和地区，是一种世界性入侵杂草。

31.1 生物学特性

假高粱为多年生草本植物。株高50～150厘米。叶片线形至线状披针形，两面无毛；根茎不分枝或自基部分枝；圆锥花序具2～3节，每节具1～2枚总状花序；颖果棕褐色，倒卵形。春季土温15～20℃时，根状茎开始活动，30℃左右发芽，花期为6—7月，果期为7—9月。

假高粱植株

假高粱花序

假高粱种子

31.2 危害特点及分布情况

假高粱繁殖能力和竞争力非常强，可通过种子混杂在粮食中进行远距离传输，亦可通过风、水流、农用器械或机械、动物及人类活动传播，是一种农田恶性入侵杂草。假高粱是多种植物病虫害的寄主，常与高粱属作物进行杂交，对农业生产的危害极大。假高粱具有一定毒性，苗期或在高温干旱等不利条件下，体内会产生氢氰酸，牲畜误食以后会发生中毒现象。

我国最早于20世纪初发现假高粱，目前在北京、河北、黑龙江、山西、江苏、浙江等10多个省份发生。

31.3 防控措施

31.3.1 植物检疫

从假高粱发生区调运的粮食或种子要严格检疫，混有假高粱种子不能播种，对混杂在粮食作物、苜蓿和豆类等种子中的假高粱种子，应去除干净，并集中进行灭活处理，杜绝传播。

31.3.2 农业防治

（1）良种精选。农作物播种前，剔除掺杂的假高粱种子。

（2）恢复植被。减少土地抛荒和对抛荒地复耕，增加土地植被覆盖度，减少石茅的生长空间，可有效减缓石茅的蔓延。

（3）深耕灭草。对于作物地，在播种前对土壤进行20厘米深耕，可有效抑制假高粱种子出苗量。

（4）中耕除草。结合栽培管理，在假高粱出苗期，对农田进行中耕除草，可减少假高粱的种群数量。

（5）清洁田园。对农田、果园周边的假高粱植株进行清理，防止其扩散至农田、果园。

31.3.3　物理防治

对于零散发生的假高粱，可在其苗期或种子成熟前，选择人工连根拔除，对于拔除的假高粱植株，应采取粉碎、暴晒等方式作无害化处理。对于大面积发生，且地势低洼、有水源的地方，可采用暂时积水法，抑制其生长。

31.3.4　化学防治

在果园、荒地、路边生境，在假高粱苗期，可选择烯草酮、森草净、草甘膦等除草剂，定向茎叶喷雾。

32 互花米草

互花米草（*Spartina alterniflora* Loisel.），属禾本科米草属，又名米草。起源于北美洲东部，目前主要分布于北美洲、欧洲、大洋洲的20多个国家。

32.1 生物学特性

互花米草为多年生草本植物。株高100～300厘米。叶互生，呈线形至披针形；茎粗壮，成团状簇生；根状茎肉质；花序总状分枝排列；内稃比外稃稍长；颖果胚浅绿色或蜡黄色。3～4个月可达到性成熟，国内的花果期为6—9月。

互花米草植株

互花米草花

32.2 危害特点及分布情况

互花米草繁殖能力、扩散与定殖能力、适应性和耐受能力均很强，种子可随风浪传播，是一种常见的滩涂入侵杂草。互花米草会破坏近海生物栖息环境，影响滩涂养殖；堵塞航道，影响船只出港；影响海水交换能力，导致水质下降。

我国最早于1979年从美国东海岸引入互花米草用于防风固滩，目前在辽宁、天津、山东、江苏、上海、浙江、福建、广东、广西等沿海省份发生。

32.3　防控措施

32.3.1　农业防治

（1）刈割。在2个生长季内，对互花米草进行10次以上的刈割，具有明显的抑制作用。

（2）深埋。将互花米草碾深埋于45厘米以下的土壤中，能阻止再次萌发。

（3）水淹。在条件允许情况下，刈割后放水将互花米草浸没于水深大于40厘米以上的水中，浸水6个月，可有效控制互花米草。

（4）围堤。对于特定区域发生的互花米草，可采用建设围堤等措施，控制其发生范围，抑制其扩散传播，进而对本区域内的互花米草进行集中灭除。

32.3.2　物理防治

对于海边农田、荒滩等生境零散发生的互花米草，可采用手工连根拔除整个植株的方式进行防除。在互花米草大面积发生区可采用机械割除措施防治，拔除或割除的植株集中进行暴晒销毁。采用遮盖物（如黑色塑料膜）将互花米草遮盖使其不能进行光合作用而死亡，可有效防控互花米草。

32.3.3　生物防治

可在近海和滩涂等互花米草发生区，选择种植无瓣海桑、红树林等具有较好生态效益和经济价值的植物，控制互花米草的生长扩散。

33 刺苍耳

刺苍耳（*Xanthium spinosum* L.），属菊科苍耳属，又名洋苍耳。起源于南美洲，目前主要分布于北美洲、欧洲、非洲、亚洲和大洋洲的20多个国家。

33.1 生物学特性

刺苍耳为一年生草本植物。株高可达120厘米。叶狭卵状披针形或阔披针形，背面密被灰白色毛；茎不分枝或从基部分枝，节上具三叉状棘刺，黄色；花单性，雌雄同株；瘦果长椭圆形。花期6—9月，花期持续时间达100天，刺苍耳的雌花花期长于雄花。果期9—10月。

刺苍耳植株

刺苍耳果实

33.2　危害特点及分布情况

刺苍耳适应性强,果实常随人和动物传播,或混在作物种子中散布,常生长在公路边、林带、农田周围、房前屋后等生境。危害白菜、小麦、大豆等旱地作物,影响作物产量和品质;入侵牧场,影响入侵地的生态系统和生物多样性。

我国最早于1974年在北京丰台区发现刺苍耳,目前主要在辽宁、北京、河北、河南、安徽等省份发生。

33.3　防控措施

33.3.1　农业防治

(1)植被恢复。对于发生在荒地、裸地等生境的刺苍耳,可采取种植本地作物、植物等方式恢复裸地植被、复耕荒地等方式,控制刺苍耳发生。

(2)中耕除草。对于田间萌发的刺苍耳,在其出苗高峰期,结合栽培管理,中耕除草2次以上,可有效控制其种群密度。

(3)清洁田园。清理农田附近田埂、边坡的刺苍耳,保持田园生境清洁,防止其扩散至农田。

33.3.2　物理防治

对于农田、果园、荒地等生境零散发生的刺苍耳,在开花结实前,可采用手工连根拔除整个植株的方式进行防除。在刺苍耳大面积发生区可采用机械割除措施防治,拔除或割除的植株集中进行暴晒销毁。

33.3.3　化学防治

大豆田:在大豆3~4叶、刺苍耳2~4叶期,可选择灭草松等除草剂,定向茎叶喷雾。

小麦田:在小麦3~5叶期、刺苍耳2~4叶期,可选择氯氟吡氧乙酸、灭草松等除草剂,定向茎叶喷雾。

荒地等非农生境:刺苍耳开花前,可选择草甘膦、草铵膦、氯氟吡氧乙酸等除草剂,定向茎叶喷雾。

34 苹果蠹蛾

苹果蠹蛾（*Cydia pomonella* L.），属鳞翅目卷蛾科小卷蛾亚科小卷蛾属，又名苹果小卷蛾、苹果食心虫。起源于欧洲，目前主要分布于欧洲、美洲和亚洲的70多个国家，是一种危害多种果树的重大农业入侵害虫。

34.1 生物学特性

苹果蠹蛾一年可发生2～3代，世代重叠现象明显。卵为椭圆形；幼虫为淡黄色或红色；蛹黄褐色；成虫体长7～9毫米，身体灰褐色略带紫色金属光泽。以老熟幼虫在树干粗皮裂缝翘皮下、树洞中及主枝分叉处缝隙中结茧越冬。当4月下旬气温超过9℃时，越冬幼虫陆续化蛹，5月上旬为成虫羽化高峰期，5月中下旬和7月中下旬分别为1、2代幼虫发生盛期。

苹果蠹蛾幼虫

苹果蠹蛾幼虫

苹果蠹蛾成虫

34.2　危害特点及分布情况

苹果蠹蛾寄主范围广，但成虫自身扩散能力较差，主要靠幼虫随果品、果制品、包装物及运输工具远距离传播，是危害多种水果的重大害虫。幼虫钻蛀果实内部取食，严重影响产量和品质。

我国最早于20世纪50年代在新疆发现苹果蠹蛾，目前主要在天津、河北、内蒙古、辽宁、吉林、黑龙江、甘肃、宁夏和新疆9个省份发生。

34.3　防控措施

34.3.1　植物检疫

严格在扩散前沿等地实施检疫处理，切断传播途径。对从疫区输入保护区的物品进行严格检疫，防止该虫随带虫果、果品包装箱和填充物等进行远距离传播。

34.3.2 农业防治

早春苹果发芽前，结合修剪，刮除树枝干上的翘皮，集中烧毁；或秋后在枝干上束草，以诱集越冬幼虫，早春将其取下烧毁。及时清理幼虫蛀果后造成的落果和田间枯枝落叶，并集中处理。

34.3.3 物理防治

4月下旬至9月下旬，采用频振式杀虫灯诱杀成虫，降低虫口密度，杀虫灯的安放高度以高出果树的树冠为宜。可利用性诱剂对成虫进行迷向和诱杀，在疫区及扩散前沿100千米内，每公顷设置2个诱捕器，诱捕器主要置于果园的边缘地区。

34.3.4 化学防治

（1）撒施毒土。在落果树下周围7米内撒施毒土。

（2）诱集物诱杀。通过树干绑诱集物带（设置在距地面0～0.5米的主干上）诱杀老熟幼虫。

（3）药剂防治。在成虫产卵高峰或幼虫孵化高峰期，喷施25%阿维·灭幼脲、虫酰肼（米满、抑虫肼）、氯菊酯（二氯苯醚菊酯）、毒死蜱（氯吡硫磷）、灭杀菊酯等高效低毒的化学农药，减少果实被害率。

34.3.5 生物防治

可采用微生物制剂（颗粒体病毒）、寄生性天敌（松毛虫赤眼蜂 *Trichogramma dendrolimi* 和黄赤眼蜂 *Trichogramma platneri*）等开展生物防治。

35 红脂大小蠹

红脂大小蠹（*Dendroctonus valens* LeConte），又称强大小蠹，属于鞘翅目小蠹科大小蠹属。起源于北美洲地区，目前主要分布于北美洲、欧洲、亚洲的多个国家，是一种林业入侵物种。

35.1 生物学特性

红脂大小蠹一年可发生1～2代，世代重叠严重，在其发生期内可同时见到各个虫态。多数以成虫或幼虫的虫态于树干基部或根部越冬，少数以蛹的虫态越冬。卵圆形，长0.9～1.1毫米，宽0.4～0.5毫米，乳白色，有光泽。幼虫体白色，头部淡黄色，口器褐黑色。蛹初为乳白色，渐变为浅黄色和暗红色。成虫圆柱形，长5.7～10.0毫米，淡色至暗红色。雄虫长是宽的2.1倍，成虫体有红褐色，额不规则凸起，前胸背板宽。

1毫米

红脂大小蠹成虫

红脂大小蠹成虫

红脂大小蠹幼虫

2毫米

红脂大小蠹蛹

红脂大小蠹蛹

红脂大小蠹卵

35.2　危害特点及分布情况

红脂大小蠹的寄主植物种类丰富，危害隐蔽，主要通过成虫自然飞行、带虫苗木和原木运输等扩散，是危害松、云杉和落叶松等多种树木的重要入侵害虫。该虫主要危害胸径在10厘米以上松树的主干和主侧根，以及新鲜油松的伐桩、伐木，侵入部位多在树干基部至1米处，以成虫或幼虫取食韧皮部、形成层。在入侵地的红脂大小蠹常在松树的根部定殖，其危害的主要时期都生活于树体内部，危害树干基部和根部并顺利越冬。当虫口密度较大、受害部位相连形成环剥时，可造成整株树木死亡。

我国最早于1998年在山西省发现红脂大小蠹，目前在河北、河南、陕西、北京、内蒙古、辽宁等地发生。

35.3　防控措施

35.3.1　植物检疫

加强对引入植物的检疫，一旦发现寄主树木上有红脂大小蠹，可选择根部覆盖毒土或者磷化铝帐幕熏蒸法等进行灭杀，以及时遏制住疫情的蔓延。

35.3.2　物理防治

可采用"药陶土复配水溶胶"物理隔层涂抹方法，将杀虫剂与陶土按照一定比例加水混匀后涂抹在树干上，形成的物理隔层将植株内的成虫逼出后杀死，有效阻止外来蠹虫对健康植物的危害。

35.3.3　化学防治

（1）虫孔注射。在发现虫孔有新的木屑排出，用兽用注射器往孔内注射敌敌畏或绵停等杀虫剂原液，注药后用泥封死侵入孔。

（2）树坑土壤杀虫。在树坑基部1.5米范围内，按每平方米撒入毒死蜱或甲拌辛颗粒剂50克，浅翻土壤20厘米深，适时浇水，杀死根部附近的成虫。

35.3.4　生物防治

利用寄生性天敌蒲螨、捕食性天敌大唼蜡甲、步甲、啄木鸟、线虫等红脂大小蠹天敌，进行有效的控制。

36 美国白蛾

美国白蛾［*Hyphantria cunea*（Drury）］，属鳞翅目灯蛾科白蛾属，又名网幕毛虫或秋幕毛虫。起源于北美洲，目前主要分布于欧洲、亚洲、美洲等多个国家，是一种危害多种乔木的重大入侵害虫。

36.1　生物学特征

美国白蛾为完全变态昆虫，一年可发生2～3代，整个生活史包括卵、幼虫、蛹、成虫4个虫态，以蛹越冬。卵圆球形，直径0.5～0.53毫米，初产的卵淡绿色或黄绿色。初孵幼虫一般为黄色或淡褐色，老熟幼虫头部黑色，头宽2.4～2.7毫米，体长22～37毫米。蛹初淡黄色，后变暗红褐色，体长8～15毫米，宽3～6毫米。成虫白色，雄蛾体长9～13毫米，翅展25～36毫米；雌蛾体长9～15毫米，翅展30～42毫米；多数个体腹部白色，无斑点，前翅多为纯白色，少数个体有斑点，成虫寿命一般4～8天。

美国白蛾成虫

美国白蛾成虫

美国白蛾幼虫

36.2　危害特点及分布情况

美国白蛾寄主范围广，适应能力强，主要通过成虫飞翔、老熟幼虫爬行自然近距离传播，也可随苗木、木材、水果及包装物远距离传播，是危害苹果、梨、玉米、大豆、法国梧桐、榆等农作物和树木的重要入侵害虫。美国白蛾幼虫在取食过程中会通过吐出大量的丝网形成网幕，并在网幕内集中取食，从叶片的叶缘到叶肉顺序全部取食后，再寻找新的叶片，同时也啃食树皮，严重影响林木生长，甚至入侵农田，造成农作物减产减收。一般美国白蛾发生时间较为集中，一旦防治不及时，则会快速蔓延，导致病虫大规模暴发。

我国最早于1979年在辽宁省丹东地区发现美国白蛾，目前在陕西、北京、天津、上海等14个省份发生。

36.3　防控措施

36.3.1　植物检疫

根据实际情况划定疫区，设立防护带，实施物理隔离措施。强化对疫区林产品的检疫，未经检疫或处理，严禁外运，发现疫情立即采取除害处理，从源头上防止疫情的扩散蔓延。

36.3.2　物理防治

（1）人工销毁。在卵期可清除带卵的叶片；在4龄幼虫期可采取人工剪除网幕并就地销毁；在2～3龄幼虫网幕盛期，用高枝剪刀剪下网幕进行销毁处理；在老熟幼虫期，用麦秸、谷草等在树干1～1.5米高处围成下紧上松的草把，诱集老熟幼虫在其中化蛹，并集中销毁。

（2）捕杀越冬态成虫。越冬态成虫发生较整齐，飞翔力弱，清晨和傍晚多栖息在建筑物的墙壁、树干、草地上，可进行人工捕杀。

（3）诱杀成虫。利用美国白蛾成虫的趋光性，以黑光灯进行成虫诱杀，减少成虫交尾和产卵。

36.3.3　化学防治

美国白蛾幼虫分散危害前，尤其是在幼虫结网初期，是化学防治的关键时期，既可节省农药，又对环境污染少。对幼虫活性较高的药剂有联苯菊酯、高效氯氟氰菊酯、高效氯氰菊酯、甲氰菊酯等；幼虫破网之前用4.5%高效氯氰菊酯+甲维盐加水稀释1 000倍进行防治；幼虫破网后，可在树冠上喷洒溴氰菊酯等拟除虫菊酯类农药1 500～2 000倍液，具有良好防效。

36.3.4　生物防治

连续2～3年持续释放人工饲养的白蛾周氏啮小蜂可对美国白蛾产生较好防控效果。

37 马铃薯甲虫

马铃薯甲虫[*Leptinotarsa decemlineata*（Say）]，属鞘翅目叶甲科瘦跗叶甲属。起源于北美洲，目前主要分布于北美洲、亚洲和欧洲的多个国家，是一种危害茄科作物的毁灭性入侵害虫。

37.1 生物学特性

马铃薯甲虫一年可发生1～3代，世代重叠现象明显。卵橙黄色，椭圆形；幼虫橙黄色，头部和足黑色，腹部大，拱形；蛹橘黄色或淡红色，椭圆形；成虫体长9.0～11.5毫米，卵圆形，淡黄至红褐色，头部黑斑呈心形；翅卵圆形，每鞘翅均有5条纵向黑纹，由基部伸至端部。以成虫在土壤中越冬，土壤温度回升至14～15℃时成虫出土。一般卵期5～7天，幼虫期16～34天，蛹期10～24天，成虫寿命平均长达1年。

马铃薯甲虫卵

马铃薯甲虫幼虫

马铃薯甲虫成虫

马铃薯甲虫危害状

37.2 危害特点及分布情况

马铃薯甲虫繁殖力强、适应性强、飞行能力强，主要通过薯块、水果、蔬菜、原木及包装材料和运输工具等途径进行传播，是茄科作物的重大害虫。在叶片背面产卵，成虫和幼虫取食叶片和嫩尖，可把叶片全部吃光。

我国最早于1993年在新疆伊犁发现马铃薯甲虫，目前主要在新疆、黑龙江和吉林发生。

37.3 防控措施

37.3.1 植物检疫

加强检疫，严禁发生区马铃薯块茎、活体植株调出，防止马铃薯甲虫扩散蔓延。

37.3.2 农业防治

（1）覆盖栽培。利用麦草等覆盖，马铃薯甲虫的捕食性天敌明显增多。

（2）适期晚播。适当推迟播期至5月上中旬，避开马铃薯甲虫出土危害及产卵高峰期。

（3）秋翻冬灌。破坏马铃薯甲虫的越冬场所，降低成虫越冬虫口数量。

（4）轮作倒茬。在发生严重区域，实行与非茄科蔬菜、作物轮作倒茬。

37.3.3 物理防治

早春马铃薯甲虫出土不整齐，延续时间长，可人工捕杀越冬成虫、摘除卵块、铲除杂草寄主。

37.3.4 化学防治

在马铃薯播种期，可采用专用种衣剂有效控制越冬代成虫和第一代幼虫，此外还可选用高效低毒化学农药（氯虫·噻虫嗪等）开展应急防控。

38 美洲斑潜蝇

美洲斑潜蝇（*Liriomyza sativae* Blanchard），属双翅目潜蝇科斑潜蝇属，又名蔬菜斑潜蝇、蛇形斑潜蝇、美洲甜瓜斑潜蝇。起源于阿根廷，目前主要分布于南美洲、北美洲、大洋洲、亚洲和非洲的40多个国家，是一种危害多种蔬菜、花卉的重大入侵害虫。

38.1 生物学特性

美洲斑潜蝇一年可发生5～24代，世代重叠现象明显。卵蜡白色，半透明，呈卵圆形；幼虫初孵半透明，老熟幼虫鲜黄色，蛆形；蛹橙黄色，椭圆形；成虫体长1.3～2.3毫米；头部黄色，眼后眶黑色；中胸背板黑色光亮，中胸侧板大部分黄色；足黄色。在温室保护地危害越冬。一般卵期3～4天，幼虫期2.5～4天，蛹期7～9天，成虫寿命4～10天。

美洲斑潜蝇卵

美洲斑潜蝇幼虫

美洲斑潜蝇成虫

美洲斑潜蝇幼虫危害状

38.2　危害特点及分布情况

美洲斑潜蝇繁殖力大、适应性和危害方式隐蔽，主要通过种苗贸易、运输工具等途径随被侵染的寄主进行传播，是多种蔬菜、花卉植物的重大害虫。美洲斑潜蝇危害严重时可造成作物叶片潜道密布，致使叶片发黄、枯焦或脱落，甚至造成毁苗、绝收，严重影响作物产量和品质。

我国最早于1993年在海南三亚发现美洲斑潜蝇，目前在全国各省份均有发生。

38.3　防控措施

38.3.1　农业防治

（1）深耕深翻。对于作物地，在播种前对土壤进行20厘米深耕，可有效防止美洲斑潜蝇危害。

（2）清洁田园。清理农田附近田埂、边坡的杂草，保持田园生境清洁，防止美洲斑潜蝇扩散至农田。

（3）田间管理。合理作物布局，采取间作套种、非寄主轮作、适当疏植等种植方式。

38.3.2　物理防治

采用防虫网、黄板诱杀、悬挂粘绳胶条，以及高温闷棚（高温换茬时将温棚密闭7～10天）、低温冷冻晒垡（冬季育苗前将温棚敞开自然冷冻7～10天）等方法。

38.3.3　化学防治

在危害初始期潜道比较细小时，应用化学药剂，如敌敌畏烟剂、氰戊菊酯烟剂熏闷，或喷施巴丹、赛波凯、安绿宝、功夫、杀虫双、七星宝、乐斯本、高效氯氰菊酯、农地乐、氯氰菊酯、灭蝇胺等。

38.3.4　生物防治

适时释放芙新姬小蜂、潜叶蝇姬小蜂、万氏潜蝇姬小蜂等寄生蜂对美洲斑潜蝇进行生物防治，寄生率可达50%以上。

39 稻水象甲

稻水象甲（*Lissorhoptrus oryzophilus* Kuschel），属鞘翅目象甲科水象甲属，又名稻水象、稻根象。起源于美国，目前主要分布于北美洲、亚洲的多个国家，是一种危害禾本科作物的重大入侵害虫。

39.1 生物学特性

稻水象甲一年可发生2代。卵奶白色，圆柱形，两端圆；幼虫白色，无足，头部黄褐色，体呈新月形；蛹白色，作土茧化蛹；成虫体长2.6～3.8毫米，褐色密布灰色鳞片，喙与前胸背板几乎等长；前胸背板宽；鞘翅侧缘平行，比前胸背板宽，肩斜，鞘翅端半部行间上有瘤突。成虫多在田埂、地边、沟渠等的土缝中越冬。一般卵期7天，幼虫期30天，蛹期10天，成虫寿命76～156天。

稻水象甲幼虫

稻水象甲成虫

稻水象甲危害状　　　　　　　　　　　　稻水象甲危害稻田

39.2　危害特点及分布情况

稻水象甲繁殖力大、适应性强，主要通过种苗、运输工具、自然因素等途径进行传播，是多种禾本科作物的重大害虫。成虫沿叶脉正面啃食叶肉只留下表皮，形成长短不一的白色条斑；幼虫啃食稻根，严重时可将根部吃光。

我国最早于1988年在河北唐山发现稻水象甲，目前在辽宁、吉林、黑龙江、云南、山西、新疆等23个省份发生。

39.3　防控措施

39.3.1　植物检疫

加强产地检疫、调运检疫和市场检查，严禁未经检疫合格的稻谷、稻种、稻草、稻秧等从发生区调出，发生区的稻草等禁止用作铺垫材料和包装材料；禁止在发生区内繁育水稻种子。

39.3.2　农业防治

（1）清除杂草。春季越冬成虫未转移前和秋冬季节，清除稻田周围杂草，切断桥梁食物源，控制越冬代成虫。

（2）加强水、肥管理。氮、磷、钾合理搭配，优先选用测土配方施肥，适当浅水栽培。

（3）秋翻灭茬。在水稻收割后至土壤封冻前对稻田耕翻，既可熟化土壤，又可将表层根茬里越冬的成虫翻至深土层中，消灭大量成虫。

39.3.3　物理防治

每年4月下旬至5月下旬、7月中旬至8月上旬，利用稻水象甲成虫具有趋光性的特点，设置黑光灯或频振式杀虫灯进行诱杀，集中消灭成虫。

39.3.4　化学防治

喷洒杀虫药剂防治稻水象甲，包括20%氯虫·噻虫嗪、20%氯虫苯甲酰胺、1.5%除虫菊素等。

39.3.5　生物防治

（1）利用天敌昆虫防控成虫。
（2）利用"稻鸭共育"种养模式，控制稻水象甲种群数量，减轻化学防治压力。
（3）应用白僵菌、绿僵菌等，防治第一代成虫。

40 日本松干蚧

日本松干蚧 [*Matsucoccus matsumurae*（Kuwana）]，属半翅目松干蚧科松干蚧属，别名松干蚧、松干蚧壳虫。起源于日本，目前主要分布于日本、朝鲜、韩国等国。

40.1 生物学特性

日本松干蚧一年可发生2代，以1龄若虫越冬（或越夏）。初孵若虫较活跃，喜沿树干向上爬行，1～2天后即潜于树皮缝隙、翘裂皮下和叶腋等处。1龄若虫脱皮后，分泌蜡丝，虫体迅速增大，显露于皮缝外，故虫体较易识别；2龄若虫脱皮后，喜沿树干向下爬行，于树皮裂缝、球果鳞片、树干根际及地面杂草、石块等隐蔽处，分泌蜡质絮状物，作白色椭圆形小茧化蛹。雌性成虫体长2.5～3.3毫米，橙褐色，体壁柔韧，平均可产卵约240粒。

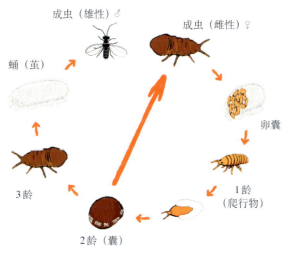

日本松干蚧生活史周期示意

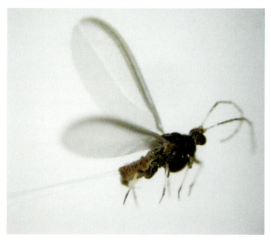

日本松干蚧成虫 日本松干蚧危害状

40.2　危害特点及分布情况

日本松干蚧虫体小，本身活动范围有限，主要随种苗、枝条等运输传播，捕食性昆虫也能携带其卵囊进行传播。主要在森林、园林绿化树林及盆景等生境中发生，寄主植物有马尾松、黑松、油松、赤松、黄松等多种松树，危害幼树、苗木和老龄松树。虫口主要集中于枝干阴面，枝干阳面较少。被害枝干软化下垂，被害较久情况下树皮增厚、硬化、卷曲、翘裂，且易被其他病虫害（松干枯病、小蠹虫、象鼻虫、天牛、吉丁虫及白蚁等）侵袭，严重时大片松林枯死。

我国最早于1942年在辽宁省旅顺老铁山发现日本松干蚧，目前在辽宁、山东、浙江、河北、上海、安徽、吉林、江苏、四川、广东、陕西、贵州等地发生。

40.3　防控措施

40.3.1　营林措施

合理的森林抚育间伐，及时清理林内的风倒木、枯立木、病腐木，能够增加林内透风透光性。营造速生或针阔混交林，改变林分寄主植物种类，改变寄主植物的病虫害危害层次，增加林分的自然抗病虫能力。

40.3.2　化学防治

采用药剂40%氧化乐果、25%氯胺磷、50%杀螟松，分别以1 000倍液喷雾防治，于5月上旬和8月初两次利用动力喷雾器对林木进行全面防治。对高大中、成林，应用钻孔注药防治，打孔位置在树干茎部70厘米以下，呈45°角斜打入，深度为2～3

厘米，注射氧化乐果或氯胺磷与柴油1：（1～2）浓度配比药液。

40.3.3 生物防治

引进利用日本松干蚧天敌异色瓢虫、蒙古光瓢虫、蚁蛉、蛇蛉、蟹螋等进行生物防治。

41 湿地松粉蚧

湿地松粉蚧[*Oracella acuta* (Lobdell) Ferris]，属半翅目粉蚧科，又名火炬松粉蚧。起源于美国，目前主要分布于美国，是一种重大入侵害虫。

41.1 生物学特性

湿地松粉蚧在中国一年发生3～5代，世代重叠。产卵数量大，对温度条件要求不严格，可忍受一定的低温。若虫椭圆形至不对称椭圆形，长1.02～1.52毫米。3对足，末龄后期虫体分泌蜡质物形成白色蜡包，覆盖虫体。雄成虫分为有翅型和无翅型两种，与当地松粉蚧有区别。湿地松粉蚧雌成虫梨形，腹部向后尖削，触角7节；当地松粉蚧雌成虫纺锤形，触角8节。

湿地松粉蚧雌成虫

湿地松粉蚧危害状

41.2 危害特点及分布情况

湿地松粉蚧主要危害火炬松、湿地松、长叶松、马尾松、短叶松、弗吉尼亚松、裂果沙松等松属植物。主要以若虫和雌成虫刺吸松梢汁液危害，危害时主要集中在枝梢端部，该虫在吸食松树液汁后，危害湿地松松梢、嫩枝及球果，并影响春季嫩梢的生长，造成秋季老叶更易脱落。发生量人时，粉蚧雌虫分泌蜜露，引起新梢的煤污病，严重降低叶光合作用，影响湿地松生长、松脂产量，破坏林相并造成材积的损失。该虫连续危害2年以上可造成湿地松主梢生长减少34.5%，针叶伸展长度减少25%～60%，影响成材。

我国最早于1990年在广东省发现，目前主要发生在广东、江西、广西、福建等省份。

41.3 防控措施

41.3.1 植物检疫

严禁从疫情国或疫区调运松类种苗、接穗、松盆景、原木、枝杈及其包装物等到非疫区，特须者，必须进行严格的检疫和消毒处理，防止其入侵新的区域，造成危害。

41.3.2 化学防治

防治药剂可用有机磷或松碱柴油乳剂。速扑杀、万灵在高浓度下（250倍液）具有较好的杀虫效果，稀释1 000倍以后，以速扑杀的杀虫效果最好。

41.3.3 生物防治

利用微生物天敌如芽枝状枝孢霉和蜡蚧轮枝菌，捕食性天敌如孟氏隐唇瓢虫、圆斑弯叶毛瓢虫、台湾凯瓢虫等，寄生性天敌如粉蚧长索跳小蜂、广腹细蜂和松粉蚧抑虱跳小蜂等开展生物防治。

42 扶桑绵粉蚧

扶桑绵粉蚧（*Phenacoccus solenopsis* Tinsley），属半翅目粉蚧科绵粉蚧属，又名棉花粉蚧。起源于北美洲，目前主要分布于美洲和亚洲的50多个国家。

42.1 生物学特性

扶桑绵粉蚧一年可发生8～12代，世代重叠严重。卵淡黄或乳白色，长椭圆形；雌蚧若虫3龄，无蛹期；雄虫蛹体覆少量白色蜡粉，可见虫体呈亮黄棕色，长椭圆形；雄虫体红褐色，前翅透明覆白色薄蜡粉，后翅退化为平衡棒；雌虫卵圆形，体被白色蜡粉；胸部背面黑斑0～2对，腹背黑斑3对；体缘蜡突18对。卵囊中的卵在土壤、枯枝落叶或其他避风挡雨处所（如墙缝等）越冬。卵期为0.5小时。24～30℃时，雌虫若虫期10～15天；雄虫若虫期8～11天，蛹期4～5天。

扶桑绵粉蚧雌成虫

扶桑绵粉蚧雄成虫

扶桑绵粉蚧危害状

42.2 危害特点及分布情况

扶桑绵粉蚧繁殖力强、寄主广，主要通过空气气流进行短距离扩散，也可借助水、床土、人畜和野生动物扩散，是危害棉花、番茄、马铃薯、茄子、辣椒、秋葵等作物的重大虫害。以幼虫和成虫的口针刺吸植株叶、嫩茎等器官汁液，致使叶片萎蔫和嫩茎干枯，化蕾、花、幼铃脱落，同时其分泌蜜露能诱发煤污病，造成植株大片死亡。

我国最早于2008年在广东发现扶桑绵粉蚧，目前主要在广东、广西、海南、湖南等10多个省份发生，且扩张趋势明显。

42.3 防控措施

42.3.1 植物检疫

加强对小型调运物品如裸根苗木、扦插苗、鲜切花、培养介质、观赏或繁殖用球茎类植物等的检疫查验，严禁从疫区调出染虫物品。

42.3.2 农业防治

及时清除田地周围杂草，平整田地，切断传播途径，消灭共生蚁群等传播载体。

42.3.3 化学防治

（1）浸泡处理。选用高效氯氟氰菊酯、吡虫啉、啶虫脒等药剂，对疫区染虫物品进行浸泡处理。

（2）药剂防治。选用2.5%高效氯氰菊酯乳油、5%吡虫啉乳油、25%噻嗪酮可湿性粉剂、3%啶虫脒乳油等药剂进行田间防治，每隔7～10天喷施1次，一般3～5次。

43 锈色棕榈象

　　锈色棕榈象 [*Rhynchophorus ferrugineus* (Olivier)]，属鞘翅目象虫科棕榈象属，又名红棕象甲。起源于印度，目前主要分布于亚洲、欧洲、非洲的30多个国家，是一种危害棕榈类植物的重大入侵害虫。

43.1　生物学特性

　　锈色棕榈象一年可发生2～3代，世代重叠现象明显。卵乳白色，长椭圆形；幼虫乳黄色至黄色，老熟幼虫头壳深褐色，体弯曲；蛹乳白色至褐色，茧长椭圆形；成虫体长13～19毫米，黑色；前胸背板黑色；前翅基部外侧向外突出，中部花纹似龟纹。多在寄主组织内越冬。一般卵期1～3天，幼虫期7～9龄，蛹期17～33天，成虫寿命59～83天，具有假死性。

锈色棕榈象幼虫　　　　　　　　　　锈色棕榈象成虫

5毫米

锈色棕榈象成虫 　　　　　　　锈色棕榈象危害状

43.2　危害特点及分布情况

锈色棕榈象繁殖量大、隐蔽性强，主要通过贸易、引种、运输工具等途径进行传播，是甘蔗、棕榈类的重要害虫。以幼虫钻进树干内取食茎秆组织，致使树干成空壳，树势渐衰弱，易受风折；危害生长点时，可使植株死亡；喜欢危害低龄树。

我国最早于20世纪90年代末在广东发现锈色棕榈象，目前主要在海南、广西、福建、上海、云南、重庆等12个省份发生。

43.3　防控措施

43.3.1　植物检疫

严格执行入境果蔬的检疫审批制度；认真做好现场检疫，对疫区及周边输入的寄主材料，连同包装、运输工具，严格执行检疫。

43.3.2　物理防治

利用成虫假死习性，于清晨或傍晚敲击受害植物茎秆，振落并捕杀出来活动的成虫。

43.3.3　化学防治

（1）树干注射杀虫剂。这是杀灭锈色棕榈象最有效、对环境影响最小的方式，常用药剂有30%三唑磷乳油、4.5%高效氯氰菊酯微乳剂、3%啶虫脒微乳剂等（具体做法：排泄孔上方钻一向下倾斜45°角的洞，然后用注射器把药液注入洞内，再用泥浆封口，薄膜包扎）。

（2）虫孔塞药熏蒸。用敌敌畏棉球塞入虫孔，以塑料膜密封熏蒸一周。此外，还可以药物灌根、浇杆、悬挂药包等方式辅以防治。

43.3.4 生物防治

应用聚集信息素诱杀，将聚集信息素与乙酸乙酯或甘蔗发酵物混用效果更好。

44 红 火 蚁

红火蚁（*Solenopsis invicta* Buren），属膜翅目蚁科火蚁属，又名外引红火蚁。起源于南美洲，目前主要分布于美洲、亚洲和大洋洲的20多个国家，是一种恶性入侵物种。

44.1 生物学特性

红火蚁为完全地栖型的社会性昆虫，蚁巢一般直径在20～50厘米，高度20厘米。卵呈卵圆形，乳白色；幼虫为乳白色蛴螬型；蛹为裸蛹；成虫工蚁体长2.5～7.0毫米；雄蚁体长7～8毫米，着生翅2对；生殖型雌蚁体长8～10毫米，头及胸部棕褐色，腹部黑褐色，着生翅2对。卵期8～10天，幼虫有4个龄期，不同蚁型发育历期为20～80天不等。蚁后寿命5～7年，工蚁和兵蚁寿命1～6个月。

红火蚁的雄性生殖蚁　　　　　　　红火蚁的雌性生殖蚁

红火蚁蚁后　　　　　　　　　　红火蚁不同体型的工蚁

红火蚁

红火蚁蚁巢

44.2　危害特点及分布情况

　　红火蚁攻击性强、食性杂，繁殖力大，主要通过生殖蚁飞行、水流、搬巢等自然途径及贸易、运输工具等人为途径进行传播，是一种重大入侵物种。红火蚁可取食多种野生花草种子及农作物，严重影响农业生产，破坏本地物种栖息环境，并可主动攻击叮蜇人畜，严重时甚至可导致死亡，威胁人畜健康。

我国最早于2004年在广州发现红火蚁，目前主要在广东、云南、浙江等12个省份发生。

44.3　防控措施

44.3.1　植物检疫

严格执行入境果蔬的检疫审批制度；认真做好现场检疫，对疫区及周边输入的寄主材料，连同包装、运输工具，执行严格检疫。

44.3.2　化学防治

主要采用捣巢投饵法，选择氟蚁腙和氯氰菊酯等高效低毒的药剂，对红火蚁进行诱杀灭杀。首先定位红火蚁蚁巢，用长细棍从蚁巢顶部快速插入约10厘米深，并迅速旋转，在蚁巢顶部形成直径10～15厘米的塌陷圈后，立即拔出长细棍并在周围硬物上敲击，把可能黏在棍上的活蚁振掉，同时把药剂直接投放到蚁巢里即可。

44.3.3　生物防治

针对红火蚁大面积发生的区域，可采用释放蚤蝇等寄生性天敌或白僵菌、绿僵菌等生防制剂进行防控。

45 草地贪夜蛾

草地贪夜蛾[*Spodoptera frugiperda* (J.E.Smith)]，属鳞翅目夜蛾科灰翅夜蛾属，又名秋黏虫、秋行军虫。起源于美洲，目前主要分布于美洲、大洋洲、亚洲和非洲，是一种重大恶性农业入侵害虫。

45.1 生物学特性

草地贪夜蛾一年可发生5～8代，世代重叠严重。卵初产时为浅绿或白色，孵化前渐变为棕色；幼虫体色有浅黄、浅绿、褐色等多种，典型特征为末端腹节背面有4个呈正方形排列的黑点，三龄后头部可见的倒Y形纹；蛹为被蛹；雄蛾前翅灰棕色，翅顶角向内各具一大白斑；雌蛾前翅呈灰褐色或灰棕杂色，具环形纹和肾形纹。25℃条件下，卵期3天，幼虫期14天，蛹期10天，成虫期13天，整个世代周期约40天。

草地贪夜蛾幼虫

背面观   腹面观

1厘米 雄虫   雌虫   雄虫   雌虫

草地贪夜蛾成虫

草地贪夜蛾成虫

45.2 危害特点及分布情况

草地贪夜蛾食性广、食量大、繁殖能力强、迁飞快，主要通过迁飞进行扩散，是危害多种粮食和经济作物的重大农业入侵物种。该害虫可取食350多种植物，多以幼虫危害玉米、甘蔗、高粱、小麦、马铃薯等作物，可造成作物减产，甚至绝收。

我国最早于2019年在云南发现草地贪夜蛾，目前在云南、贵州、四川、重庆、湖北等27个省份发生。

45.3 防控措施

45.3.1 农业防治

科学选择种植抗（耐）虫品种，同时可在玉米田间作套种豆类、洋葱、瓜类等对害虫具有驱避性的植物，或在田边分批种植甜糯玉米诱虫带，趋避害虫，减少田间虫量。

45.3.2 物理防治

在成虫发生高峰期，采取高空杀虫灯、性诱捕器以及食诱剂等理化诱控措施，诱杀成虫、干扰交配，减少田间落卵量。

45.3.3 化学防治

在播种前，选择含有氯虫苯甲酰胺、溴酰·噻虫嗪等成分的种衣剂实施种子包衣或药剂拌种，防治苗期草地贪夜蛾。根据虫情调查监测结果，选用甲氨基阿维菌素苯甲酸盐、乙基多杀菌素等高效低风险农药，重点喷洒心叶、雄穗或雌穗等关键部位开展应急防控。

45.3.4 生物防治

利用寄生性（如夜蛾黑卵蜂）和捕食性（如益螨）天敌开展生物防治。在低龄幼虫期，选用苏云金芽孢杆菌等生物农药喷施或撒施，控制种群数量。

46 番茄潜叶蛾

番茄潜叶蛾[*Tuta absoluta* (Meyrick)]，属于鳞翅目麦蛾科 *Tuta* 属，又名南美番茄潜叶蛾、番茄潜麦蛾。起源于南美洲，目前主要分布于美洲、欧洲、非洲和亚洲的110余个国家和地区，是一种毁灭性入侵害虫。

46.1　生物学特性

番茄潜叶蛾一年可发生10 ~ 12代，世代重叠现象明显。初孵幼虫奶黄色或奶白色，头部黑褐色，前胸背板棕黄色，4龄幼虫绿色、黄绿色或胴部背面淡玫瑰红色；成虫体长6 ~ 7毫米，淡灰褐色、灰褐色或棕褐色，鳞片银灰色；触角丝状，足细长，具有灰白色与黑褐色相间的横纹。在14℃条件下，发育需要76天，20℃条件下需40天，27℃条件下需24天。

番茄潜叶蛾幼虫

番茄潜叶蛾幼虫危害状

番茄潜叶蛾成虫

番茄潜叶蛾危害状

46.2　危害特点及分布情况

番茄潜叶蛾食性广、繁殖量大、危害隐蔽，主要通过成虫飞行以及番茄果品、种苗、农产品包装物、运输工具等载体进行传播，是危害各种番茄的重大外来入侵害虫。幼虫潜食叶肉，还可蛀食顶梢、嫩茎以及幼果，造成幼苗生长点枯死、丛枝或叶片簇生、叶片枯焦、果实腐烂等。

我国最早于2017年在新疆伊犁发现番茄潜叶蛾，目前主要在新疆、云南、贵州、四川、甘肃、内蒙古等20余个省份发生。

46.3　防控措施

46.3.1　植物检疫

加强番茄产地检验检疫，严禁携带有番茄潜叶蛾的番茄果实和幼苗从疫区调往非疫区，必要时可以采用熏蒸和高温灭杀处理农产品，进行消毒处理。

46.3.2　农业防治

（1）清洁田园。及时清除茄科作物残体及杂草，选用无虫清洁苗，人工及时摘除虫果虫叶；同时将带有虫体或虫卵的枝条叶片、整枝打叉、疏花疏果等残体集中喷药处理销毁。

（2）倒茬轮作。与非茄科植物倒茬轮作或水旱轮作，秋翻冬灌。

（3）极端温度灭杀。冬季低温冻棚，夏季高温闷棚，可有效杀死田间潜叶蛾。

46.3.3　物理防治

正确使用防虫网，进行灯光诱杀、色板诱杀。性信息素诱芯可对雄性成虫进行大规模诱杀，明显降低番茄潜叶蛾虫口数量。

46.3.4　化学防治

在幼虫孵化盛期可选用艾绿士、1.9%甲维盐乳油、30%氟铃·茚虫威悬浮剂、6%阿维·茚虫威微乳剂、20%氯虫苯甲酰胺悬浮剂等化学药剂进行喷雾防治。

46.3.5　生物防治

保护利用捕食性（草蛉、瓢虫、盲蝽等）和寄生性（潜叶蛾伲姬小蜂、赤眼蜂等）天敌，辅以低毒药剂、生防微生物制剂和植物源药剂开展生物防治。

47　梨火疫病菌

梨火疫病菌[*Erwinia amylovora* (Burrill) Winslow et al.]，属肠杆菌目欧文氏菌科欧文氏菌属，又名解淀粉欧文氏菌。最早发现于美国，目前分布于美洲、非洲、欧洲、亚洲和大洋洲的多个国家，是一种重大外来入侵植物病原细菌。

47.1　生物学特性

梨火疫病菌为革兰氏阴性直棒状杆菌，多单生，大小为（0.9～1.8）微米×（0.6～1.5）微米，有荚膜，周生鞭毛，最适生长温度25～28℃，最适pH 6.0～6.5。其菌落形态和颜色因培养基的成分差异而变化。梨火疫病菌在罹病植物体内以内生菌和腐生菌的生活方式越冬。春季随寄主植物复苏开始大量繁殖，成为初侵染源。夏季病害进一步扩展至嫩梢和果实，秋季终止于寄主植物上形成的溃疡组织。

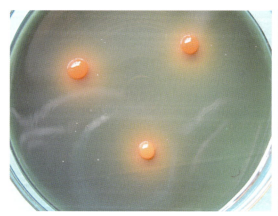

梨火疫病菌在不同培养基上的菌落形态

47.2 危害特点及分布情况

梨火疫病菌寄主范围广泛，危害严重，主要通过植物繁殖材料、雨水、农机具、人畜和野生动物等途径传播扩散，是危害梨、苹果等经济作物的重大病害。病原菌主要通过花、伤口和自然孔口（气孔、蜜腺、水孔）侵入寄主组织，导致花、枝条、幼果和根茎枯萎，被感染的嫩枝出现典型的"牧羊鞭"症状，犹如火烧一般，严重影响果树产量和果实品质。

梨火疫病危害状

我国最早于2016年在新疆发现梨火疫病，目前分布于新疆和甘肃。

47.3   防控措施

47.3.1   植物检疫

系统地开展疫情调查，科学地划定疫区和保护区，分区进行监控预警。制定严格的内检制度，不从疫区调运植物材料或产品，以确保疫情不向保护区扩散。

47.3.2   农业防治

（1）栽培措施。加强田间管理，避免过度施用氮肥而导致树势过旺，增加树体抗病性。

（2）清洁田园。冬季挖除罹病果树植株上的溃疡斑，挖取深度以溃疡斑下10厘米为宜，将挖除后的病组织转移至果园外集中焚毁，并彻底清除园内残枝病叶和落果，减少病源及越冬病源。深度修剪病枯枝（发病部位以下50厘米），修剪伤口要喷施杀菌剂保护。

47.3.3   化学防治

在初花期（5%花开）、谢花期（80%花谢）、果实膨大期以及果实采收后10天之内等关键时期，选用春雷霉素、噻唑锌、丙硫唑和噻霉酮等杀菌剂进行防控。对于春梢长势旺盛的果园，或用药两天后连续遇到阴雨天、冰雹等，可补施1～2次杀菌剂。及时打药控制叶甲、叶蝉和木虱等咀嚼式和刺吸式昆虫，以减少昆虫传播媒介。

47.3.4   生物防治

采用荧光假单胞菌、枯草芽孢杆菌、贝莱斯芽孢杆菌和成团泛菌等具有较好防控效果的生防制剂开展生物防治。

48 亚洲梨火疫病菌

亚洲梨火疫病菌（*Erwinia pyrifoliae* Kim，Gardan，Rhim et Geider），属肠杆菌科欧文氏菌属细菌，是我国和世界上重要的检疫性有害生物。该病菌引起的亚洲梨火疫病（Asian fire blight）又叫梨枯梢病，是一种危害梨树的毁灭性细菌病害，是我国一类农作物病害。该病菌最早发现于1995年韩国春川地区的亚洲梨上，后来主要分布于韩国和日本。

48.1 生物学特性

亚洲梨火疫病菌的病原特点、危害症状均与欧美流行的梨火疫病菌（*Erwinia amylovora*）十分相似，但不完全相同。该菌为革兰氏阴性短杆细菌，菌体大小为0.8微米×（1.0～3.0）微米，以单个、成对或短链形式存在，有荚膜，周生鞭毛，能运动。病菌最适生长温度25～27.5℃。寄主从花、叶、嫩枝开始发病，叶片上产生褐色至黑色病斑，叶片中脉产生黑至褐色条斑，病斑可扩展至整个枝条，发病枝条几天后迅速变色并枯死。受亚洲梨火疫病菌侵染的梨树，发病枝条表面为黑褐色溃疡斑，表皮下的树组织仍呈绿色。

48.2 危害特点及分布情况

亚洲梨火疫病菌传播途径多，发病速度快，它的入侵将给我国的梨产业发展、生态安全及经济安全带来严重威胁。传播途径多。发病梨（苹果）的繁殖材料（包括种苗、砧木和接穗）、果实、鸟类、昆虫、风、雨，以及被污染的包装材料和运输工具等很多自然因素和人为因素都能引起亚洲梨火疫病菌的传播。其中，雨水是果园短距离传播的主要媒介，发病的繁殖材料是远距离传播的主要途径。发病速度快。将亚洲梨火疫病菌接种到未成熟的梨切片上，3～7天即产生菌脓，接种到亚洲梨的幼苗上，枝条坏死，表面上产生菌脓。

梨火疫病菌侵染梨树引起的典型病害症状

2005年，亚洲梨火疫病菌首次在我国浙江省杭州市余杭区鸬鸟镇的部分梨园中被分离鉴定出来，来势迅猛，迅速扩展至德清、黄岩、浦江等多个县市。目前，亚洲梨火疫病菌分布在我国3个省份的19个县（市、区），包括浙江省的杭州市、金华市、衢州市、丽水市，安徽省黄山市，以及重庆市的开州区、万州区等地。病害总体上发生较轻，存在向梨、苹果主产区进一步扩散的风险。

48.3 防控措施

48.3.1 植物检疫

加强监测预警，在梨树花期、幼果期等亚洲梨火疫病显症关键时期系统开展疫情调查，科学划定疫区和重点保护区，强化梨苗木、接穗的调运检疫监管，疫区内寄主相关物品禁止调出。

48.3.2 农业防治

（1）栽培措施。加强水肥管理，避免过量过迟施用氮肥，增施磷钾肥和有机肥，培育树势，增强树体抗病性。

（2）清洁田园。结合冬季清园，清除病枝和重病树，在整个生长季节定期检查，及时挖除重病株，深度修剪病枝（发病部位以下50厘米），对修剪伤口喷施或涂抹杀菌剂保护，修剪工具要做到"一剪一消毒"，清除的病树、病枝要及时带出果园集中销毁，并对病树周围的植株进行喷药保护。

（3）安全授粉。发病果园原则上禁止放蜂，可推广使用液体授粉、无人机授粉、人工点粉等替代技术。

48.3.3 化学防治

从花芽露白起密切关注天气预报，做好施药准备。花芽萌动露白期，喷施3～5波美度石硫合剂进行保护；在花序分离至初花期（5%花开），喷施1次杀细菌剂，谢花期（80%花谢）再喷施1次杀细菌剂，盛花期慎重用药；果实膨大期以及果实采收后10天之内等关键时期，根据田间病害发生情况及时喷药防治。对于春梢长势旺盛的果园，或用药两天后遇连续阴雨、冰雹等天气，可补施1～2次杀菌剂。防控药剂可选用2%春雷霉素水剂（600～800倍液）、40%春雷·噻唑锌悬浮剂（1 000～1 200倍液）、3%噻霉酮悬浮剂（1 000倍液）等有效杀菌剂，不同类型药剂交替轮换使用。同时，做好叶甲、叶蝉、木虱、天牛等传病昆虫的防治，减少昆虫传播媒介。

48.3.4 生物防控

目前，国内还没有登记用于防治亚洲梨火疫病的生防产品，但可以先示范验证国外已登记用于防控梨火疫病的生防产品，例如BlightBan A506（荧光假单胞菌）、Serenade（枯草芽孢杆菌）、Blossom Protect（出芽短梗霉菌）等，如果效果理想，再大面积推广应用。

49 落叶松枯梢病菌

落叶松枯梢病菌 [*Botryosphaeria laricina* (Sawada) Y. Z. Shang]，属格孢腔菌目葡萄座腔菌科葡萄座腔菌属。1938年首次发现于日本，目前主要分布于亚洲、欧洲和大洋洲的10多个国家，是一种重大外来入侵病菌。

49.1 生物学特性

落叶松枯梢病菌子囊座为子囊壳状，单腔，瓶形或梨形，黑褐色，单生或2～5个并列在表皮下。子囊成束地着生在子囊腔的基部；子囊无色，双层膜，棍棒形；子囊内含8个子囊孢子，不整齐的两行排列；子囊孢子无色，单细胞，椭圆形至宽纺锤形，大小为（23～40）微米×（9～15.5）微米。下年6月中旬子囊腔成熟产生子囊及子囊孢子。经过10～15天的潜育期，新梢出现病状，7月中旬至下旬在病梢上形成分生孢子器，分生孢子器成熟后放出分生孢子进行再侵染。自8月末开始在病梢上产生子囊腔并与再侵染后的新梢和病叶上形成的孢子器一起越冬，如此循环进行侵染危害。

49.2 传播扩散与分布情况

落叶松枯梢病菌寄主范围广、危害性强。靠风、雨水淋洗以及苗木调运进行扩展蔓延。通过子囊孢子或分生孢子侵染伤口而侵入寄主，可导致幼苗期至30多年生林木都能发病。该病只发生在当年新梢上，初病时茎部顶部弯曲，自弯曲部向下逐渐脱叶，仅顶部残留叶簇；发病较晚时，因新梢常直立枯死，针叶全部脱落。病梢常溢出松脂，固着不落，只在顶部残留一丛针叶。如连年发病，发病部位以上的树梢枯死，使幼苗成为无顶苗。

我国最早于1973年在吉林省发现落叶松枯梢病菌，目前主要分布于山东、河北、陕西、山西、内蒙古等省份。

落叶松枯梢病菌危害状

49.3 防控措施

49.3.1 植物检疫

禁止病区苗木调出，防止病原传播。如必须调运，按技术规程认真检疫，去掉病苗及可疑苗。

49.3.2 营林措施

培育如日本落叶松及其杂交种的抗病树种，营造落叶松与阔叶树种或其他针叶树种的混交林，避免在高温多湿、土壤瘠薄黏重、排水不良，以及山脊、风口、河谷两岸等迎风地带营造落叶松大面积纯林；科学管理，增强树势，低洼湿地注意及时开沟排水，防止湿气滞留，林间注意适时间伐，防治郁闭发病；调运的苗木应消毒，消毒方法：将苗木地上部分用浓度为1/10 000谷仁乐生水溶液浸15分钟，取出后用湿草袋或塑料薄膜盖3小时。

49.3.3 化学防治

苗圃预防，用放线菌酮剂3×10^{-6}克/升或再加上有机锡剂150×10^{-6}克/升混合液，每平方米喷射150～200毫升；6月下旬至9月中旬喷雾，每隔10～14天1次，共6～9次；检查及消毒上山苗木，造林前发现病菌及时烧毁在未放叶前，将苗木的地上部浸泡在有机汞剂100×10^{-6}克/升药液中10分钟，取出后用塑料薄膜覆盖3小时，可杀死苗木隐藏的病原菌；6月下旬至7月上旬，用50%托布津可湿性粉剂1 000倍液或65%代森锌可湿性粉剂400倍液等喷雾1～2次，可收到一定效果。

50 香蕉枯萎病菌4号小种

香蕉巴拿马病菌/香蕉枯萎病菌4号小种[*Fusarium oxysporum* Schlecht. f.sp. *cubense*（E.F.Sm.）Snyd.et Hans（Race 4）]，属肉座菌目丛赤壳科镰刀菌属，又名香蕉镰刀菌枯萎病、黄叶病。最早发现于巴拿马，目前世界上除了巴布亚新几内亚、南太平洋群岛和一些地中海沿岸国家外，几乎所有的香蕉种植区域均有该病发生，是一种重大外来入侵病菌。

50.1 生物学特性

香蕉枯萎病菌有3种类型孢子：大型分生孢子、小型分生孢子和厚垣孢子。大型分生孢子产生于分生孢子座上，镰刀形，无色，3～7个隔膜；小型分生孢子在孢子梗上呈头状聚生，单胞或双胞，椭圆形至肾形，是在被侵染植株导管中产生量最多的孢子类型；厚垣孢子椭圆形或球形，顶生或间生，单个或成串。该菌为兼性寄生菌，其腐生能力很强，在土壤中可以存活8～10年。病原菌进入寄主以后采用死体营养方式，先降解寄主组织，再吸收营养。

50.2 危害特点及分布

香蕉枯萎病抗逆性强、危害性大，主要随病株残体、带菌土壤、耕作工具、雨水、线虫、吸芽和二级种苗等传播，为典型土传系统性维管束入侵病害。病菌主要从染病蕉树的根茎通过吸芽的导管侵染，堵塞木质部导管，导致植株枯萎死亡，严重影响产量和品质。

我国最早于1967年在台湾省发现香蕉枯萎病菌，目前主要在台湾、广东、广西、福建、海南和云南6个省份发生。

香蕉枯萎病菌4号小种发病维管束　　　　　香蕉枯萎病菌4号小种危害状

香蕉枯萎病菌4号小种危害状

50.3　防控措施

50.3.1　植物检疫

根据实际情况划定疫区和保护区，实施物理隔离措施，加强疫病相关产品、包装物、运输工具以及人员、家畜检疫，严格禁止寄主种苗调运，防止疫病扩散。

50.3.2　农业防治

（1）农具消毒。进出病区的农用工具、车辆、土壤、有机肥等需用石灰或高锰酸钾、福尔马林和噁霉灵等药剂进行消毒处理。

（2）清洁育苗。选择无毒的健壮母株的吸芽作为外植体，保持育苗场所清洁卫生，做好消杀防虫工作，种苗出圃时做好质检工作。

（3）实施轮作。对于零星发病的新区，在清除香蕉病株后，及时改种非蕉类作物或作其他用途；发病重的蕉园，采取水旱轮作，轮作时间3年以上。

50.3.3　化学防治

香蕉枯萎病是土传维管束病害，可在病株离地面15厘米处注入草甘膦溶液，再挖掘深埋，降低土壤病原菌含量。

51 松材线虫

松材线虫[*Bursaphelenchus xylophilus* (Steiner & Buhrer) Nickle]，属滑刃目滑刃科伞滑刃属。最早发现于北美洲，目前主要发生在亚洲、欧洲和北美洲，是一种危害马尾松、黑松等多种松科植物的重大入侵病害。

51.1 生物学特性

松材线虫一年可发生多代，世代重叠现象明显。雄虫虫体呈J形，尾端尖细，侧观呈爪状，交合刺较大，弓状，喙突锐尖，远端有盘状突。雌虫虫体直或略向腹面弯曲，有时体态呈开阔的C形，具明显的阴门盖，尾亚圆柱形，末端钝圆，少数有短尾尖突。一般气温超过20℃时，松材线虫繁殖速度加快。

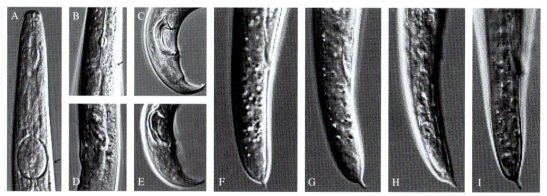

松材线虫形态特征

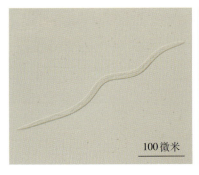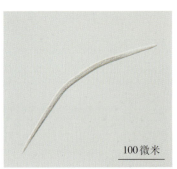

松材线虫

51.2　危害特点及分布情况

松材线虫寄主少但危害重，主要通过松褐天牛等媒介昆虫的移动和取食进行自然传播，还可借助木质包装材料的转运进行远距离传播，是危害松科植物的重大入侵病害。受害植株出现针叶失水，褪绿并逐渐变褐，一旦流行成灾，可导致大批松树枯死，严重破坏生态环境。

我国最早于1982年在江苏发现松材线虫，目前主要发生在江苏、安徽、浙江、贵州、陕西、辽宁等18个省份。

松材线虫危害状

51.3　防控措施

51.3.1　植物检疫

联合电力、通信、建筑、物流等各部门，加强检疫执法检查和复检，禁止疫区疫木流通。木材及其产品在使用前或出境、进境前60℃热处理或用磷化铝等进行熏蒸。

51.3.2　营林措施

（1）砍伐病株。病株清理应采取择伐病死树和濒死树，不能砍伐健康松树。择伐的病死树在山上或山下就地粉碎或烧毁，不得采取其他方式处理后再利用。

（2）选择抗病树种。选择不感病的单株，选育一批抗松材线虫的优良松树品种。

（3）改善林分结构。通过针、阔树种混交种植，提高林分多样性，改变林分结构。

（4）建立隔离带。在疫点隔离区砍出3～5千米的无松树隔离带，防止松墨天牛迁飞。

51.3.3　化学防治

利用化学药剂防治媒介昆虫是防控松材线虫的主要手段。在天牛成虫补充营养期和交配产卵期，采用杀虫剂进行地面树冠喷雾或飞机空中喷雾消灭天牛。在松墨天牛羽化盛期使用高效氯氰菊酯微囊悬浮剂、噻虫啉微胶囊悬浮剂对松树表面进行喷洒。也可在松树树干中注射甲维盐、阿维菌素等药剂防治松材线虫。

51.3.4　生物防治

可在媒介天牛低龄幼虫阶段，利用白僵菌等生防真菌，或释放花绒寄甲和管氏肿腿蜂等天敌来防治媒介昆虫松墨天牛。

52 非洲大蜗牛

非洲大蜗牛（*Achatina fulica* Bowdich），属于柄眼目非洲大蜗牛科非洲大蜗牛属，又称褐云玛瑙螺、非洲巨蜗牛。起源于非洲东部，目前在北美洲、南美洲、非洲和亚洲的60多个国家发生。

52.1　生物学特性

非洲大蜗牛是大型蜗牛，成体壳长一般为7～8厘米，贝壳呈纺锤形，螺旋部呈圆锥形，有螺层7～9个，壳口呈卵圆形；壳面为黄或深黄色，带有花纹；足部肌肉发达，背面呈暗棕黑色，所分泌的黏液无色；卵椭圆形，乳白色或淡青黄色，具备石灰质外壳，卵粒长0.4～0.7厘米，宽0.4～0.5厘米；幼螺有2.5个螺层，壳面为黄或深黄底色。非洲大蜗牛具夜行性和群居性，喜阴湿环境。雌雄同体，异体交配。最适生存环境条件为气温20～32℃、含水量55%～75%、pH 6.3～6.7。

非洲大蜗牛的成虫

非洲大蜗牛的卵

52.2　危害特点与分布情况

非洲大蜗牛繁殖能力强，食谱广泛，危害500多种作物。同时，非洲大蜗牛能改变栖息地环境，竞逐土著蜗牛。此外，它还是许多人畜寄生虫和病原菌的中间宿主，传播结核病和嗜酸性脑膜炎。

我国最早于1931年在福建省厦门市发现非洲大蜗牛，目前在广东、海南、广西和云南等多个省份发生。

52.3　防控措施

52.3.1　检疫措施

加强进口货物和交通运输工具的检疫力度，防止螺卵、幼体以及成螺随观赏植物、原木、模板、集装箱和机械设备的包装箱传入和扩散。

52.3.2　农业防治

清洁田园，改善栽培管理，并辅以人工防除，或直接用生石灰粉撒施。

52.3.3　物理防治

用3伏交流电、直流电或10伏脉冲电制成双层偶极电网，作为诱捕器诱捕非洲大蜗牛；在田间挖灌石灰水隔离沟或施放石灰作为保护带；用柴灰、沙水、水泥三合土制成的pH 11.5障碍物等具有一定的防治效果。

52.3.4　化学防治

常用的防螺药剂主要是拟除虫菊酯类杀虫剂和有机磷。在农作物种植区，用5%梅塔颗粒剂进行诱杀或用70%贝螺杀可湿性粉剂防治。此外，用5%聚乙醛药丸或使用2份石灰粉、1份砷酸钙撒施对土壤进行消毒，也可起到一定的防治作用。

53　福　寿　螺

　　福寿螺[*Pomacea canaliculata*（Lamarck）]，属中腹足目瓶螺科瓶螺属，又称苹果螺。起源于南美洲，现广泛分布于北美洲、亚洲和非洲的10多个国家，是一种危害严重的外来入侵物种。

53.1　生物学特性

　　福寿螺是一种常见的淡水大型螺类，软体部的重量约占螺体的50%。头部具触角2对，后触角的基部各有一只眼睛。贝壳近似卵圆形，右旋，有4～6个螺层，多呈黄色、黄褐色或深褐色。幼螺发育3～4个月性成熟，雌雄同体，异体交配。水体中交配，产卵黏附于岸上硬物（包括砖石、植物等）表面。卵粒为圆形，直径2毫米，初产卵粉红色至鲜红色，一次产出几百至数千粒卵，堆积为卵块。孵化期约5天。

福寿螺成虫

福寿螺卵

53.2　危害特点及分布情况

福寿螺食性广、繁殖快，直接啃食水田及浅水的农作物，如水稻、茭笋、荸荠等，受害严重的稻田可减产50%以上。可通过竞争排斥土著螺类，使生态位相近的中华田园螺、环棱螺等逐渐减少甚至绝迹，携带的寄生虫可危害人畜健康。

我国最早于1981年在广东省中山市发现福寿螺，目前在长江以南的大部分省份发生。

53.3　防控措施

53.3.1　物理防治

采用人工捡拾螺和铲除卵块等办法，降低种群数量。

53.3.2　化学防治

稻田可采用每亩施用6%密达杀螺颗粒剂0.5～0.7千克、2%三苯基醋酸锡粒剂（TPTA）每公顷每次15～22.5千克、80%聚乙醛可湿性粉剂每公顷每次1.2千克、茶粕（或桐籽麸）粉每亩用10～15千克、8%灭蜗灵颗粒剂每亩施用1.5～2千克等方式进行化学灭除。

53.3.3　生物防治

可通过稻田养鸭、青鱼等方式防控。

54 鳄雀鳝

鳄雀鳝［*Atractosteus spatula*（Lacépède）］，属雀鳝目雀鳝科雀鳝属。起源于北美洲，目前已在全世界多个国家分布，是一种高危险性入侵物种。

54.1　生物学特性

鳄雀鳝常见成年个体体长1～1.8米，最大个体3米。吻长，口尖似鳄鱼，密布锋利的牙齿；身体被菱形的硬鳞覆盖；尾部圆形；鳔可呼吸空气。主要生活于江河、湖泊和水库等大型淡水水体，偶入咸淡水。3～5年性成熟，5—8月产卵，体外受精，雌鱼每次产下14万～20万枚卵，卵有毒，呈绿色，黏附于水草或砾石上，孵化期6～8天。

鳄雀鳝形态

54.2　危害特点及分布情况

作为一种凶猛的捕食者，鳄雀鳝一旦泛滥成灾，其危害主要体现在：①进入养殖水域会捕食养殖种，可影响渔业生产和粮食安全；②进入自然水域会影响本土种的生存，影响生物多样性和水生态系统的稳定；③极端情况下会攻击人。

　　鳄雀鳝最早于20世纪80年代进入我国，由于价格低廉，消费门槛低，鳄雀鳝通过发达的线下和线上观赏水族贸易扩散到了全国范围，并随着人为丢弃和放生进入自然水域。失控的放生行为导致了鳄雀鳝在全国呈现"多点开花"的状态，但在各个地区又属于"零星分布"，且常出现在城市内部的湖泊、水库和公园水体。

54.3　防控措施

　　以物理防治为主。在发现该物种的水域，可通过垂钓方式清除，用"拦、赶、刺、张"联合捕捞法进行捕捉，该捕捞方法是较为专业的技术，在大中型水库较为常用。大致的操作流程是：在水面较狭窄的位置布置"定置张网"，网的进鱼口朝向捕捞目标一侧，然后水体另一端用小船沿"之"字形路线布设上层刺网，刺网的网高大于2米，用刺网将目标逼进定置张网中，然后收起定置张网将目标鱼抓获。

55 豹纹翼甲鲶

豹纹翼甲鲶 [*Pterygoplichthys pardalis*（Castelnau）]，属鲶形目甲鲶科翼甲鲶属，又称清道夫、飞机鱼、垃圾鱼。起源于南美洲，目前在亚洲的多个国家均有发生。

55.1 生物学特性

豹纹翼甲鲶身体呈半圆筒形，头部和腹部扁平，吻圆钝，口下位，有发达的吸盘须1对。胸鳍棘和腹鳍棘发达，能在陆地上支撑身体，背鳍宽大，尾鳍呈浅叉形，具软鳍条14根，背鳍和尾鳍之间具1脂鳍。体呈暗褐色，全身分布黑色细条纹，各鳍布满黑色斑点，表面有粗糙盾鳞。成鱼体长20～30厘米。豹纹翼甲鲶1年可达性成熟，在我国主要繁殖季节为5—8月。在水底挖掘洞穴产卵，洞穴深度可达80厘米左右。每次产卵数百至3 000粒，受精卵粉红色或橙色，相互黏结呈柔软的卵块。

豹纹翼甲鲶成体

豹纹翼甲鲶卵块

55.2 危害特点及分布情况

豹纹翼甲鲶体表粗糙的盾鳞能够破坏网具，且自身无经济价值，影响渔业捕捞生产；吞食产黏性卵的土著鱼类的受精卵，影响鱼类种群延续；破坏水生植物根系和小型水生动物的栖息地，改变当地水生生物食物链，影响水域生态系统养分循环。

目前豹纹翼甲鲶在广东、海南、福建、广西、浙江、江西等多个省份发生。

55.3 防控措施

在入侵严重水域，选择水底较为平坦的、水深1～3米的区域，隔10～30米投放一副底层刺网，投掷硬泥块或用棍棒振动水体，惊动豹纹翼甲鲶，半小时后收网。在有挺水植物或水底情况不利于刺网捕捞操作的区域，可于傍晚或夜间投放捕鱼用的地笼，次日收起地笼，收集豹纹翼甲鲶进行杀灭处理。

56 齐氏罗非鱼

齐氏罗非鱼［*Coptodon zillii* （Gervais）］，属鲈形目丽鱼科罗非鱼（切非鲫）属，又名红腹罗非鱼、齐氏切非鲫。起源于非洲，目前已在中国、美国等数十个国家分布。

56.1 生物学特性

体侧扁，成年体长12～40厘米；头中等大，无须。背鳍基部有一黑色斑块，背鳍硬棘数为15～16枚；幼鱼尾鳍呈黄色到灰色，无明显斑点。繁殖期时，身体顶部和体侧具有光泽的深绿色，喉部和腹部为红色和黑色，身体两侧有明显的纵带。头部变成深蓝色到黑色，有蓝绿色的斑点。齐氏罗非鱼性成熟时间短，产沉性卵，每次产卵量数千粒，属于一年多次产卵类型，受精卵在水底沙砾间孵化，亲鱼守护受精卵，2～3日出苗。

齐氏罗非鱼幼鱼

齐氏罗非鱼成鱼

56.2 危害特点及分布情况

齐氏罗非鱼食性广、迁移速度快，进入养殖水域后，与养殖品种争抢食物，不仅增加饵料消耗，也影响渔业产量；在自然水域中，通过捕食和竞争性替代，影响本土水生生物的生存繁殖；大量取食水草等水生生物，影响水域生态系统的稳定和水生态环境的健康。

齐氏罗非鱼目前主要在广东、广西、云南、海南、福建等省份发生，并已逐渐扩散到江西、湖南、贵州、浙江、湖北、四川等地。

56.3　防控措施

56.3.1　物理防治

在齐氏罗非鱼密集的水域，用底层刺网或地笼进行人工清除。

56.3.2　化学防治

在危害较严重的地区，池塘放养苗种前，用生石灰清塘消毒或用茶麸等清塘，杀灭齐氏罗非鱼，进水用30～40目筛网过滤，避免鱼卵或鱼苗进入池塘。

56.3.3　生物防治

在养殖池塘中搭配放养规格不大于主养鱼的肉食性鱼类，如胡子鲶、乌鳢、鳜或大口黑鲈等，通过肉食性鱼类捕食齐氏罗非鱼鱼苗，可大幅度减少池塘中齐氏罗非鱼的数量。

57 美洲牛蛙

美洲牛蛙（*Rana catesbeiana* Shaw），属无尾目蛙科蛙属，又名北美牛蛙、牛蛙。起源于北美洲，目前在北美洲、亚洲、欧洲和非洲的50多个国家分布，是全球入侵范围最广的两栖动物。

57.1 生物学特性

美洲牛蛙头宽而扁，吻端钝圆，雌性的鼓膜约与眼等大，雄性的则明显大于眼。雄蛙咽部有1对内声囊，雌蛙无。皮肤光滑，头部必有绿色，背部绿色至棕色，腹面白色。雌蛙体长可达20厘米，雄蛙可达18厘米，体重最大可达2千克以上。一年性成熟，繁殖季节在4～7月，繁殖水温18～29℃。一年产卵一次，产卵量1万～5万粒。体外受精，水中孵化。水温25℃时孵化期为5天左右。从蝌蚪发育成幼蛙约需85天。

美洲牛蛙形态

57.2　危害特点及分布情况

美洲牛蛙繁殖快、食性广、迁移能力强，可通过捕食、竞争和疾病传播等多种方式危害本地物种，其入侵已导致我国40多种两栖动物、鸟类、小哺乳动物、爬行动物种群快速下降。

美洲牛蛙于20世纪50年代末引进我国，目前在长江以南多个省份均有发生。

57.3　防控措施

57.3.1　养殖管理

在美洲牛蛙成蛙养殖池，周围设置高度不低于80厘米的围墙或围网，防止逃逸；繁殖池和孵化池的排水口用25目以内的网布过滤，防止蛙卵蛙苗被排出。

57.3.2　物理防治

在危害严重的区域可采用两种办法捕捉：一是暮春及夏季夜间用强光手电循蛙鸣寻找，找到美洲牛蛙后，手电光照射蛙眼，同时用长柄抄网从头部罩住牛蛙；二是在蛙鸣密集区域的近水草滩或稻田，挂一个诱虫灯，灯距地面1～1.5米，以诱虫灯为圆心，半径3～5米围一圈渔用三层刺网，黄昏布设，午夜或次日凌晨收网收蛙。

58　大 鳄 龟

大鳄龟（*Macroclemys temminckii* Troost），属龟鳖目鳄龟科大鳄龟属，又名真鳄龟。原产于中北美洲，目前已在中北美洲以外的多个国家分布，是极其危险的外来入侵物种。

58.1　生物学特性

大鳄龟头部硕大，吻端呈明显的钩状弯曲；眼睛位于头后两侧靠近吻后；背甲卵圆形，棕黑色、棕褐色或深褐色，盾片呈山峰状突起；腹甲小，灰白或黄色，"十"字形，盾片左右对称；头与四肢不能缩入壳内；尾巴长，有三列纵棘突。大鳄龟3冬龄开始性成熟，一般在2～5月份交配，4～7月份产卵，水中交配，岸上产卵孵化。每次产卵30～120枚，卵呈球形，白色，直径30～51毫米，卵壳坚硬圆滑，自然孵化期100～140天。

大鳄龟形态

58.2　危害特点及分布情况

大鳄龟捕食能力强，食谱广，几乎摄食一切可捕获的小型动物，严重破坏本地生物多样性，破坏水域、湿地的生态平衡。凶猛，攻击性强，极端情况下会攻击人类。

大鳄龟最早于1998年引入我国，目前在全国多个省份均有分布，扩散风险较大。

58.3　防控措施

加强养殖管理，严格防止其逃逸到野外。在人工养殖大鳄龟的水体，进出水口要用钢铁栅栏严密封堵，塘埂要坚实，塘埂面与水面的落差不小于50厘米。大鳄龟岸上活动区要用砖石砌坚固的围墙，高度不小于80厘米。

59 红耳彩龟

红耳彩龟 [*Trachemys scripta elegans*（Wied）]，属于龟鳖目泽龟科龟属，又称巴西龟、巴西彩龟、红耳龟等。起源于北美洲，目前已在世界多个国家分布。

59.1 生物学特性

红耳彩龟头颈处具有黄绿相镶的纵条纹，眼后有一对红色条纹；背甲扁平，椭圆形，翠绿色，背部中央有条较明显的脊棱，背甲的边缘呈不显著的锯齿状；盾片上具有黄、绿相间的环状条纹，缘盾外边缘为金黄色。腹板淡黄色，具有左右对称的不规则黑色圆形、椭圆形和棒形色斑。四肢淡绿色，有灰褐色纵条纹，指、趾间具蹼。尾短。成体壳长15～25厘米。5—9月为繁殖期，在水中交配，产卵于沙地中。一年产卵3～4次，年产卵量30～70枚。

红耳彩龟幼体

红耳彩龟成体

59.2　危害特点及分布情况

红耳彩龟繁殖能力强、食性杂、食量大，易挤占其他物种的生存资源，可携带和传播沙门菌和寄生虫等病原，对本土龟鳖甚至人类产生危害。

红耳彩龟目前在我国大部分省份均有分布，且以南方地区最为常见。

59.3　防控措施

59.3.1　加强养殖管理

可在养殖池及放生池各进出水口及可上岸的地方设置栅栏，限制其扩散。进出水口要用钢铁栅栏严密封堵，堤埂要坚实，堤埂面与水面的落差不小于30厘米。岸上活动区要用砖石砌坚固的围墙，高度不小于50厘米。

59.3.2　严禁放生

严格执行《生物安全法》相关规定，按照农业部办公厅、国家宗教事务局办公室联合下发的《关于进一步规范宗教界水生生物放生（增殖放流）活动的通知》及农业农村部渔业渔政管理局《关于做好引导社会公众定点放流水生生物工作的函》相关要求，严禁放生外来入侵水生动物，在规定的地点科学放生水生动物。

图书在版编目（CIP）数据

重点管理外来入侵物种防控手册 / 农业农村部农业
生态与资源保护总站编．—北京：中国农业出版社，
2024.4（2025.8重印）
（外来入侵物种防控系列丛书）
ISBN 978-7-109-31886-1

Ⅰ.①重… Ⅱ.①农… Ⅲ.①外来种－侵入种－防治
－中国－手册 Ⅳ.①Q16-62

中国国家版本馆CIP数据核字（2024）第071505号

中国农业出版社出版
地址：北京市朝阳区麦子店街18号楼
邮编：100125
策划编辑：闫保荣
责任编辑：郑　君
版式设计：王　晨　　责任校对：张雯婷
印刷：中农印务有限公司
版次：2024年4月第1版
印次：2025年8月北京第3次印刷
发行：新华书店北京发行所
开本：787mm×1092mm　1/16
印张：9.5
字数：218千字
定价：78.00元